U0134244

烈焰之花

一部火的文化史

FIRE

Stephen J. Pyne

[英] 斯蒂芬·J.派恩 / 著
蔡秀星 / 译　邹玲 / 审校

重庆出版集团 重庆出版社

Fire: Nature and Culture by Stephen J. Pyne was first published by Reaktion Books in the Earth series, London, UK, 2012. Copyright © Stephen J. Pyne 2012. Rights arranged through CA–LINK International LLC.

图书在版编目（CIP）数据

烈焰之花：一部火的文化史 /（英）斯蒂芬·J. 派恩著 ；蔡秀星译 . — 重庆 ：重庆出版社，2024.2
ISBN 978-7-229-18159-8

Ⅰ . ①烈… Ⅱ . ①斯… ②蔡… Ⅲ . ①火－文化史－世界 Ⅳ . ① TQ038.1-091

中国国家版本馆 CIP 数据核字（2023）第 216838 号

烈焰之花：一部火的文化史
LIEYAN ZHI HUA: YIBU HUO DE WENHUASHI
[英] 斯蒂芬·J.派恩　著　蔡秀星　译　邹玲　审校

丛书策划：刘　嘉　李　子
责任编辑：李　子　彭昭智
责任校对：朱彦谚
封面设计：L&C Studio
版式设计：侯　建

重庆出版集团
重庆出版社　出版

重庆市南岸区南滨路 162 号 1 幢　邮政编码：400061　http：//www.cqph.com
重庆豪森印务有限公司印刷
重庆出版集团图书发行有限公司发行
E-MAIL：fxchu@cqph.com　邮购电话：023-61520646
全国新华书店经销

开本：890mm×1240mm　1/32　印张：8.125　字数：248 千
2024 年 2 月第 1 版　2024 年 2 月第 1 次印刷
ISBN 978-7-229-18159-8

定价：86.00 元

如有印装质量问题，请向本集团图书发行有限公司调换：023-61520678

本书献给

索尼娅

她见证了本书从无到有，

逐步成形的全过程。

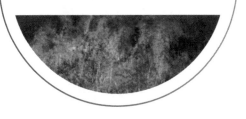

序言

三种火

　　这棵树的残骸躺在墨西哥谷的迪赛西尔托德洛利昂国家公园里。树干上有一道深深的裂缝，这是曾经被闪电击中而形成的。树干的表面很厚实，闪电引发的大火在上面留下了又黑又深的烙印。后来，这棵树死了。据信死于山谷里有毒的大气中所含的臭氧和其他有毒气体。然后这棵树倒下了，树上的疤痕成为了历史的见证。树干上遍布深沟缝隙、粗糙的烧伤痕迹，而整段树干的病态形象宛如神谕。

　　对于这段倒下的树干所带来的启示，看法因人而异。但对任何对火感兴趣的人来说，这幅画面就是一部直白的地球生物燃烧史。这个故事的有益启示就是：它揭示了三个要素——就像水文研究都会涉及水循环一样，任何有关燃烧的研究也都会涉及"火三角"（燃烧三要素）。其中一个要素跟自然界相关，另一个要素与改造自然界的人有关，最后一个要素则涉及创造"新火"的普罗米修斯式人类。

古生代早期，第一个阶段便开始了。那时，由热量、燃料和氧气融合而成的第一个"火三角"使得燃烧可以在细胞外发生。随着植物在陆地上生长蔓延，另一种三角关系也形成了，即地形、天气和碳氢化合物燃料。这个三角关系掌控着燃烧带随地形移动的情况。在 4.2 亿多年前，闪电是最主要的火源。闪电把各种植物炸得粉碎，其中一部分碎片就被点燃生成火焰。图片所示被闪电炸裂的洛利昂国家公园中的针叶树正属于这种情况。

之后，在过去的 200 万年里，人类掌握了保存火种的方法，并最终学会了如何生火。在第一种火三角关系中，生物圈包含两大燃烧要素——燃料和氧气，但火的产生还受制于一个物理过程，即点火。现在，生物界已经包含这三大要素，并减轻了对闪电这一着火源的依赖。不止一个物种开始不再把闪电视作唯一的火源，但仅有人类成功了。人类享受着对火的专属控制权，当然不愿意让其他物种也拥有这一特权。

人类成为了火生态系统中的关键物种。人们在火自然产生的地方采集火种，并把火带到它从未出现过的地方。火所到之处，自然变迁的模式都发生了改变。无论是将火置于狭小的灶台和炉膛里，还是在空旷的陆地上，通过生火人类重塑了广阔的地貌，并将其他地方改造得适宜人类居住。洛利昂国家公园的树干周

迪赛西尔托德洛利昂国家公园里烧焦的树干

围的炭化现象很可能就是这种燃烧的结果。而这种人为之火就是"火三角"关系历史上的第二阶段。

最后一个阶段年代较近，大约是距今不超过两百年的"工业火"的时代，简单地说就是生物质燃料和化石燃料的时代。这是一种人为的燃烧：它发生在特殊的腔膛中，也不受季节和地点的制衡。火具有古老的转化力量，使现代技术跨进了管道和电线的时代。人们燃烧诞生自过去的地质时代的燃料，并将燃烧的废气排放到未来的地质时代。而当前则存在过多的有害排放物和温室气体。墨西哥谷的空气污染闻名于世，工业燃烧的产物很可能正是这里针叶树死亡的原因。确实，由于过量的臭氧和沉积的酸性物质的影响，它周围的树林也显得十分虚弱。

洛利昂国家公园中的针叶树只不过是地球上火的历史中的一个小插曲。直到最近，人们也不觉得这个传奇故事有什么奇怪或不合适的地方。人们对火并不陌生：生物圈依赖于火的燃烧，并与明火共同进化。真正的野火可以在远离人类的地方迅猛燃烧。不管它在普罗大众的眼里是多么绚丽，它都有着自己独特的逻辑和行为规范。因此，人类使用火的方式也没有什么特别之处：自人类起源以来，火就一直只被人类所拥有，这是一个显著的特征。这个特征界定了人类在生态系统中的位置，并且在多地存在已久，以至于生态系统已经适应的普遍的火情发生规律也受人类的掌控。这里所说的火，同样也有着自身的运行方略和规范。除了人类，其他物种都不懂如何与火打交道。

然而，工业燃烧与其他两种火不同，它完全取决于人类。人类的作用如此强大，使得评论员们提出：化石燃料燃烧的时代构成了一个独特的地质时代，即人类世。对于这个时代来说，火不仅仅是衡量全球变化的一个指标，更是全球变化的主要驱动力。这种说法特别吸引人的地方在于，这三种火并不是简单地顺次演变，而是相互竞争的。它们可以在同一时间、同一地点交会，也可以在同一株植物上留下各自的印记。

北欧传说把世界描绘成一棵巨树——世界树。世界树下，命运三女神纺织、编织、剪裁构成生命织锦的丝线。洛利昂国家公园的针叶树或许可以被视作火之"世界树"的象征，在它的底部，燃料、火花和氧气交织在一起，让地球不断演变，生生不息。火是生命的创造者，没有火，一切都将变得死寂冰冷。

变化多端的火

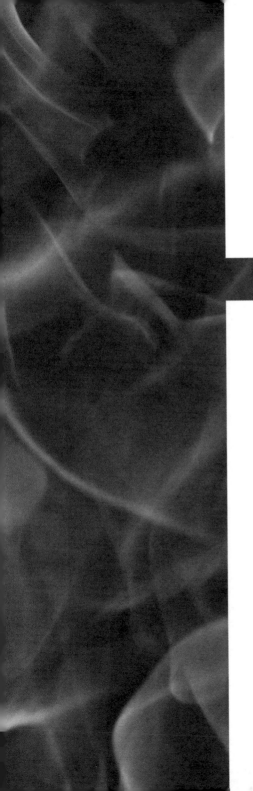

目录

第一部分

野火

火，抑或火焰的力量……我们用惯用的化学名称来称呼它，致使我们忽视了它和所有事物一样具有神奇的本质……

什么是火焰？

托马斯·卡莱尔，《论英雄、英雄崇拜和历史上的英雄业绩》（1841）

阿尔伯特·比尔施塔特《火灾》，纸面油画

🔥 1. 创建燃烧的条件

日常生活中所涉及的火是一种化学反应，这种化学反应使火变化多端。也就是说，火的特性来自它所处的环境。经典元素中，仅有火不是物质，也没有一门学科去专门阐释它。火是由环境造就的。

火不像水、土和空气，它没有重量，不停地变幻，不能自行移动，也不能泵送或倾倒在别的地方。不能像携带空气、水或土那样携带火，只能携带能发生燃烧反应的物质。当火燃烧的场景发生改变，其表现形式也会发生变化。火的燃烧可以单独发生，比如在有机土壤中闷燃的火、干草和灌木引发的烈火，或掠过针叶树树冠的大火。火可以有多种形态。

同样，我们很少研究火本身，而是通过其他学科来了解火。化学研究火的氧化反应，物理学或机械工程学研究火产生的能量，气象学研究缕缕烟气，而生物学研究火的生态效应。定容燃烧属于工程范畴，而露天燃烧则是林业研究的对象。大学里唯一与火相关的部门是在火警响起时派出应急车辆的消防部门。因此，我们对火的定义取决于我们把火置于什么学科中。火可以属于化学范畴，也可以属于物理学范畴，抑或是生物学，甚至是人类学范畴。我们通过观察认知火，但是我们所采取的观察方式将决定我们对火的认知。

两百多年来，人们普遍认为火是化学现象。《韦氏大词典》（第九版）将其定义为"通过光、火焰和热表现出来的燃烧现象"。相应地，"燃烧"也被定义为"燃烧的行为"或"一个伴随着光和热释放的化学过程（氧化）"。火是氧气与碳氢化合物迅速结合的产物，这种反应需要借助一些能量——火花和热源才能开始并散发（或"释放"）出热量、光和各种化学物质。因此，它完全符合广义上的氧化反应：铁慢慢氧化就会生锈；木头迅速氧化就会着火。

这种对火的认知方式加快了科学研究的步伐，因为它只对火所处环境的少数特性进行了研究。这种简化论让我们可以基于火的某些属性制造出一些装置，比如烟花这种大部分基于人工制造的装置。最终，这些装置可能完全胜过火，或者以其更加精心设计的燃烧过程而消灭火，或最终人类因此抛弃所有形式的燃烧。这种对火的认知方式有助于催生出各种技术衍生品，可以改善蜡烛的设计，并生产出质量更好的燃气烤炉，这也让我们可以想象自然环境中的火。在自然环境中，火的燃烧并不是孤立事件，而是环境因素综合作用的复杂结果。这些环境因素基本都是生物因素。

事实上，火并不是一种在地球上自由游走，偶尔会迸发出冲天火焰的孤立的化学反应，它与地球上的生命息息相关。生命创造了火、维系了火，并逐渐把火接纳进其生态网。火无疑是一种分子层面上的反应，但它最初的化学反应属于生物化学的范畴。火在细胞质基质中完成了对光合作用产物的分解，它与生物圈密切相关。细胞内发生的氧化反应，被称为呼吸；当它发生在外界中，被称为火。停止呼吸，有机体就会死亡；将火从陆地上抹去，生物群体就会受到惊扰，就像阳光被遮蔽或季雨发生了改变一样。

远古时期的地球上没有火，经过极其漫长的时期后，地球上才有了火。大气中充满了海洋生物产生的副产物——氧气。当植物开始移居陆地后，向充斥着游离氧的大气中输入了大量的可燃碳氢化合物，这就为燃烧做好了准备。就这样，生物界提供了"火三角"燃烧三要素中的两个要素。生物界无法提供（因此也无法控制）的要素是点火。相反，生物依赖于热源，如火山和闪电，尤其是闪电。

这使火徘徊在纯物理学和纯生物学的边界。火由地球上的生命体孕育，但其本身并不具有生命。它受火花、风和地形多种因素的影响，但又不能仅依存于物理因素。火不像洪水、台风和地震等可以在没有任何生命存在的情况下发生的现象。火是一种生物物理学变化，不能存在于生物系统之外。虽然现代科技已经能够将火从生物圈这个有机的环境中提取出来，但火起初并不是作为一种简单的反应存在，后来才被生物圈所接纳的。它作为生命早期诞生必不可少的组成部分而存在，并且从此就随着生命一起进化。当人们谈及火"吞噬"氧气和燃料时，人们是在用混合隐喻来描述火，这种反应是生命体的产物，其本身却不具有生命。

就这样，两种形式的燃烧同时出现了，我们不妨称之为"慢燃烧"和"快燃烧"。慢燃烧，即呼吸，包括光合作用产物在线粒体内的分解。细胞呼吸吸入氧气和碳氢化合物，并释放出

水、二氧化碳和能量。这一过程，即克雷布斯循环①，是分子

---

① 克雷布斯循环：以发现者汉斯·阿道夫·克雷布斯（1953年获得诺贝尔生理学
或医学奖）的姓氏命名为克雷布斯循环。克雷布斯循环是三大营养素（糖类、
脂类、氨基酸）的最终代谢通路，又是糖类、脂类、氨基酸代谢联系的枢纽。——
译者注

水平上的严密安排，并被限制在细胞内发生。反应在生物环境中进行，使氧气和燃料结合，并催化它们进行分解和化合反应。该反应不能在此之外的环境下发生。

大气中富含的氧气和覆盖在陆地表面的碳氢化合物燃料，会在合适的条件下相互作用，结果就导致了快燃烧，也就是通常意义上的火。这种燃烧并不需要在细胞内发生。点火发生在外界。植被能否燃烧取决于它们是否被春汛或是近来的雨水打湿，也取决于它们是否含有能够被快速点着的小颗粒或者表面积与体积之比很小的巨大斑驳树干，取决于这些植被是否足够靠近火源，这样火苗就可以从一处跳到另一处。火势的蔓延取决于风速和气团上升的速度，它也受到了地形限制，在绵延的大草原上肆意蔓延，在山谷中被困在一处。因为火不受形态上的限制，所以人们说火是自由燃烧的，随着变幻莫测的环境而不停变化：风起或是风止时，树林、松林、草丛或灌木堆上，山脉和峡谷的斜坡和鞍部。但与在细胞内的燃烧不同的是，燃烧区域常常在地面上移动。

因此，火的燃烧处于物理学和生物学的模糊边界上。自然界提供了氧气和生物，而鲜活（或死亡）的植物则促成了火的燃烧。但是，风、大气稳定度、太阳的热量、坡度、峡谷、台地和着火点的位置等因素，在火上升，冲过山坡，迎风减速、在泥炭地中焖燃或者掠过灼热的草地的时候，都会或大或小地影响着燃烧区域的形成。此外，生物并不能控制火源。火的三要素是各自独立存在的，只有在火的热量把它们聚集在一起的时候，彼此才会相互联系。

以光合作用为基础的生命活动保证了火的产生——除非受到阻挡，火终究是会产生的。所有影响生命进化和生态环境的事物都会助力火的形成。然而，两者又都有着重要的相互依存关系，生物为火创造了环境，火也会改造生物。火促成了生物的适应性和生态系统的循环。火可以创造环境，使更多或者更少的火得以产生。正如火的热量开始了它的蔓延一样，火蔓延的条件也在历史长河中发生了改变。只有一个要素不受生物的控制，那就是点火，但最终这也将并入它的麾下。而自由蔓延的火的多重特性将进一步推动从物质世界到生物世界的转变。

当火和生物相互适应时，它们的相互作用呈现出可识别的模式，这就是所谓的火情发生规律。火并不像迁徙的动物要季节性地返回一个地方，而是在同一个地方不断地重复出现。它更像是一阵暴风雨，就像一个地方可能会经历多场暴雨，但各地之间情况又有区别，火亦是如此。火之于火情发生规律就如风暴之于气候。火情发生规律和气候都基于统计数据，实用、可理解但又不变幻莫测。研究火情发生规律的真正意义在于，它提高了人们对火的生物学作用的认识。人们常常听到这样一种说法，说某种植物适应了火，就像说某种植物适应水一样。生物体不是适应水，而是适应一种降雨或泛洪、湿润或干燥的模式。如果一棵树能够在每个月降雨量相同的模式下茁壮成长，但假设年降雨量不变，而雨季变成只有三个月，这棵树就不能适应了。火也是如此。火的存在与否并不重要，重要的是火燃烧的形式。生物适应的不是火，而是火情发生规律。如果这种规律发生改变，火可能从助力转变为威胁。将火从其长期存在的地方消灭，所造成的生态破坏不亚于将它引入一个新的环境。

这种差别让渴求火反而被火毁灭的物种茫然无措以至歇斯底里。正如帕拉塞尔苏斯①很早就观察到的，毒药的毒性取决于它的剂量。阳光过多或过少，或者分布过于反常，都会带来伤害。水如此，火亦如此。

以上就是火在地球上作为主宰的伟大传说。4.2亿多年以来，慢燃烧和快燃烧相互作用，在地球上积蓄了各种可燃物并将其燃烧殆尽。在某些地方和某些时候，这两种燃烧可以互相竞争。然而，有机物腐烂之后就不能开放燃烧。例如，热带雨林不会燃烧，因为地面上通常没有什么东西可以燃烧，微生物已经把地面清理得一干二净，被食草动物啃食过的草地可能只会留下一些若隐若现的残茬供火焰蔓延。同样，在微生物腐烂作用较弱的地方，比如在比较干旱的地区，火灾就会多发，定期发生的火灾有助于选择出那些能够在经历火烧过程后茁壮成

---

① 帕拉塞尔苏斯：文艺复兴初期著名的炼金师、医师、自然哲学家。他开创了新的学科，当时称之为医疗化学，就是把医学和炼金术结合起来的一种新的科学。——译者注

长的物种。火情发生规律配合着潮湿和干燥交替的节奏，在这种周而复始的节奏中产生了燃料，并让它们处于待燃烧的状态。

然后，从地质学角度来看，两件事的发生颠覆了原本的"节奏"。第一件是一个新物种的到来，它有能力点燃火焰，让生物掌握了火的三要素中的最后一要素。随着原始人类挥舞着火种，生物开始逐渐摆脱闪电的偶然恩赐走向夺取生火的主动权。人类可以在生物圈的循环中完成火的循环。一颗独特的蕴藏着火的星球最终进化出了一种独特的能够使用火的生物。

原始人类加快了火的进化速度，最终发明了一种类似克雷布斯循环的机械装置。这种装置可以将火封起来燃烧，让火的蔓延不需要依靠地表。要实现人类控制火的野心需要的不是那些在乡间随处可见的燃料，是大量的燃料。比如古生代的煤，在没有专门设计的燃烧室的情况下，是无法自然燃烧的。根据"火三角"理论，第三种火出现了，并开始与其他火竞争。这种火只能在人类不停的看管下才能存在。

名称的意义是什么？给一种现象下定义似乎很随意。无论名称强调的是火的物理特性还是生物特性，都不会影响火的本质和它能够发挥的作用。事实上，地球上的关键如何看待火，将会影响到它如何利用火，而这将有可能改变地球上的燃烧模式，这正是已经发生过的事实。

我们现在讨论的是通俗意义上的火：在野外燃烧的烈火和

闷燃的火。即便如此，火在很大程度上还是受环境影响，人们几乎可以从无限多个视角去认知它。其中三种范式是最有意义的（我们现在回到"火三角"）。第一种范式占据了主导地位，第二种范式开始成为人们关注的焦点，而最后一种范式尽管最有力，却仍然令人怀疑，被人忽视。占主导地位的第一种范式是有关火的物理范式。新兴的第二种范式是有关火的生物范式。第三种久被忽视的范式则是有关火的文化观念。值得注意的是，每一种范式都能解释地球上火的全貌，就像非欧几里得几何 ① 也是完整的一样。

　　火的物理范式认为火是一种化学反应，即碳氢化合物的氧化，由其物理环境决定。这种范式确定了如何用开放燃烧进行可控实验以及如何制造器具来容纳和应用火，因此这种视角已经成为最占优势的观念，并且已经从实验室推演到野外和城市了。该范式将燃烧提炼成化学的氧化反应中一个（相对）简单的问题，将火与人的关系归结为火是一种工具。排除环境的复杂性，知道蜡烛或喷枪的原理就能明白火是什么、它能做什么以及如何控制它。

　　物理范式显示，我们所见的日常生活景象，实际上就是一个火棚，里面含有大量浸泡在富含氧气的大气中的燃料，火就

---

① 非欧几里得几何：非欧几里得几何是指不同于欧几里得几何学的几何体系，简称为非欧几何，一般是指罗巴切夫斯基几何（双曲几何）和黎曼的椭圆几何。它们与欧几里得几何最主要的区别在于公理体系中采用了不同的平行定理。——译者注

在其中根据斜坡的倾斜度、不断变化的风力和燃料之间的距离来不断地探索前进。物理范式确立了对火生态学的理解，把火想象成一个猛烈撞击并倾泻在生物群中的机械过程。生物必须适应这一过程，就像它们必须适应风暴一样。更直接地说，不管是在工厂还是在森林里，受控的火是一种工具或器械。人们认为控制自由蔓延火的正确方法是采取物理对策，如用水浇灭或喷洒化学阻燃剂和移除潜在的可燃物等。如果是人们不能拿走、不能使用的东西，他们就必须丢弃它们逃离。面对突发大火，人们应该被疏散，就像海啸或洪水来临一样。

然而，另一种强调火的生物学属性的观点逐渐兴起。这种观点认为，火，究其本质，是生命的产物，它的反应属于有机化学范畴，其发生环境与生物相关。燃烧以生物质为燃料，火受到生态因素的影响，并经过亿万年的协同进化而得到验证。

因这种观点产生了新的人与火的关系。作为工具，火更类似于生物技术或驯养物种，它更像是牧羊犬，而不是火炉。作为棘手的问题，说它像地震，不如说它更像是一场突发的瘟疫更合适。破坏性如此大的火灾足以摧毁生物群，因为此时的生物群已不再能够掌控突然蔓延起来的燃烧。对火灾的有效控制能够通过生态设计实现。理想情况下，人类可以通过宏观控制或生态工程来实施更为直接有效的对策。再现或消灭火可以像恢复或灭绝物种一样。也有观点认为除了扑灭和逃离火之外，还存在其他应对策略。例如，如果将特大火灾比作突发的瘟疫，

无焰燃烧：表面阴燃

那么人类社会可能会采取应对措施以消除其对公共健康的威胁，这些应对措施肯定不会只使用枪支和飞机。

　　还有一种范式，虽然最为关键，但又最不被认可。文化概念把火置于社会大环境中重新定位。字面意义上，火是一种景观，在这片由人类的思想和双手改造的土地上。人类研究火，是因为想要激发火有益的一面并且消除它有害的一面，火的彻底消失和突然爆发都被视为存在于火与人类关系之中的问题。也就是说，火基于人类社会的理念和社会制度而存在，并反映

佛罗里达州被火焰吞噬的草丛、棕榈和松树

出社会的价值观、信仰以及解决火灾的社会机制；甚至人类所倾向的火的范式，无论是物理范式还是生物范式，也都是社会的一部分。

　　这一范式的关键在于人类如何认知世界并根据这些认知采取行动。因此，火的问题本质上是文化问题：它反映了人类在陆地上的生活方式。大量多余的火，"多余"本身就是一种社会判断，与纯粹的自然事件相比，更像是动乱或暴动等社会事件。文化对策可以很好地应对这些问题：通过政策

15

火的文化环境：画面除了展示诸如特殊的服装、工具等细节，还表达了社会经济学
概念，因为画中劳作的人从农民已经变成了替不在现场的地主们干活的外来劳工

埃罗·耶内费尔特，《工资的奴隶》，1893 年，布面油画

改革，通过更多的研究或教育，通过消防部门更严格地执行。火整合的是社会环境。

　　文化范式不适用于解释地球上最早的火源，因为那时还没有人类来发现、加燃料、点燃、浇灭或以其他方式过分关注和议论大自然纯洁的火焰。这是一个值得思考的观察结果。人类不是发明了火，而是发现了如何捕获、驯服并按照自己的意愿来转移火，自泥盆纪早期起人类就会这样做了。即使我们给予古人类用火的历史足够的跨度（比如从人类直立行走开始算起），人类用火的历史也还不到火在地球上存在的历史时长的 0.5%。然而，从人类学会使用火的那一刻起，火就和人类共同进化，形成了一种极似共生互利共赢的关系。

然而，这种关系最终是极不平等的。没有火，人类很快就会消亡；但是没有人类，火会适应并重建新的稳定机制。人类的威力依赖于野火的威力，人类再造了火，并借助了它在地球上的作用，但不管有没有人类存在，火都将一直是地球上固有且独特的存在。

2. 燃烧的亮度、广度和深度

燃烧的亮度：氧化反应

如果氧气和生物燃料在接触时自发地发生反应，地球上会到处都是火，并经常着火，但事实并非如此。大多数潜在的燃料以不易燃的形式存在，并且其表面不容易迅速氧化，它们在充满氧气的大气中依然保持着稳定的固体形态。一些自燃现象确实存在，但并不多。例如，紧密堆积的泥炭和刚堆起来的木屑，它们接触氧气并自燃，但两者都是人类活动的结果。与此相反，点火的过程需要外力猛烈撞击、火花或一股强热，由此开启将大块的生物质分解成适合燃烧的形式的过程。正如咀嚼和消化过程先于慢燃烧一样，快燃烧发生之前需要先进行化学制备。

　　事实上，点火和灭火一样棘手。热量、燃料和氧气通常保持着微妙的平衡，但是当它们在恰当的时间和地点会聚时，又可以共同作用促成燃烧的发生。这个道理同样适用于加热，加热开启了燃烧动力学。木头是热的不良导体（所以厨具的把手是木制的）。热辐射与距离的平方成反比，这使得自然环境下成规模的加热十分困难。加热时温暖气流对流上升，而绝大部分燃料停留在表面。热传导、热辐射、热对流三个过程都只作用于外部，所以燃料表面积大小比其质量更重要。氧气也是如此，反应只发生在木头和空气接触的薄薄的边缘处。因此，布满针叶、草和细枝灌木的地方比堆满大型树干的地方更容易着火。（想想把干枯的松针和一截新砍下的木材扔进篝火引起的不同效果就知道了。）

　　加热开启了化学"消化"过程，从而使不可燃的固体变成可燃物。高温必须先把内部的水分赶走或让其蒸发，因为湿的燃料不是真正的燃料。燃料的含水量和它的厚度一样，都是其可燃性的主要预测指标。含水量为25%的干燥的颗粒不会燃烧。易燃的颗粒含油量必须足够高，通过剧烈燃烧把内部的水蒸发掉，燃料才能真正变成可燃物。燃料的湿度是决定一个物体是否能燃烧的关键和最不稳定的变量。这个道理适用于各个层面，无论是颗粒的湿润度和干燥度，还是周围环境的湿润度和干燥度。在一些地方，这一过程的发生需要一年的时间；在另一些地方，则需要数十年甚至几百年。水的进化规律塑造了火情的发生规律。

当水被蒸发后，加热开始作用于固态烃类：先断开化学键，再把剩余物转化为气体。这个热裂解过程又称为高温裂解，它可以引导后续的燃烧沿着各种路径进行。如果加热较慢，挥发性化学物质就会在燃烧过程中流失，就像生成木炭会留下烧焦物和焦炭一样。如果加热快速并且反应强烈，就会喷出气体。烧焦物通过表面直接氧化继续燃烧，而气体燃烧起来就像火焰

位于马里兰州和弗吉尼亚州东海岸的切萨皮克沼泽国家野生动物保护区内固体燃料转变为流动火焰

的泡沫。固体的燃烧被称为"无焰燃烧"，气体燃烧被称为"有焰燃烧"，其中烟气、火光和火浪都可以证明火是流体动力学的一种表现形式。

自然环境下的火大多都是混合燃烧，其中预热、热裂解、无焰燃烧、有焰燃烧、尚未燃烧物或完全不可燃烧物同时存在于火的不同位置。有些火很少形成火焰，比如发生在有机土壤中的燃烧。还有些火可能还来不及进行无焰燃烧就消失了，比如干枯的草丛中发生的燃烧。然而，大多数燃烧场所都是由大

内华达州斯蒂尔沃特国家野生动物保护区内逆风燃烧的大火

大小小的、分散或连续的、极其干燥或极其潮湿的颗粒组成的，这些场所复杂而易变。它们可以在同一时间内展现出多种燃烧形式，也可以在不同的时间下展现出不同的燃烧形式。

燃烧的广度：火的习性

火势会扩大，火会变得旺盛并四处蔓延。它们会经历产生、成长和消亡的过程。一旦火势起来了，它们就会四处搜寻环境中的"食物"。野火不会只停留在它产生的地方，它也不能停留，因为那意味着"饥饿而死"。

每一场火都有它的生命周期。火需要外物引燃才能产生；随后反应释放的热量必须大于其吸收的热量；并且当火势往周围推进的过程中耗尽了燃料，它就熄灭了。在自然界中，这一过程经常发生，以至于人类忽视了火有多么反复无常和任性妄为，也许人类因为拥有能够把"火三角"各要素组合起来随意生火的能力，而忽视了这一点——大自然并没有帮手来为它做同样的事情。对于在自然界中发生的火，没有一双无形之手来添加新的燃料把火烧旺，或者输送新鲜的氧气助燃，所以燃烧是间歇性的。烈火的出现也需要借助一些条件，而这些条件都不会持续很久。自然界发生的大火很可能来去匆匆。

然而，火会移动。这一事实被人类与被驯服的火焰相处的经验所掩盖，人类没有意识到蜡烛的火焰是如何向下蔓延的，篝火的火焰是如何"侵入"更大块的木头的，壁炉的火焰是如何蔓延到堆在上面的新木柴的。本生灯①的火焰之所以能保持稳定，是因为新气体在它内部上升，或者换句话说，就是火焰向下燃烧的速度与新产生的气体上升的速度一样快。有常识的人都知道，在自然环境下火会蔓延到新的可燃物，尤其是那些薄且易燃的可燃物。（有句老话说得好："好柴生好火。"）虽然有些难以理解，但不妨把火焰想象成恒量，把环境想象成穿过火的变量。

这种观点可以解释火焰呈现的丰富形状。如果热量、燃料和氧气界定燃烧区域，另一个大体上由地形、天气和燃料组成的"火三角"描述的则是燃烧区域内的行为，这更接近火域的概念。燃烧带位于斜坡还是峡谷，遇到潮湿还是干燥的空气，顺风还是逆风往前冲，遇到草丛或灌木或树林或被风吹落的果子或泥炭块，在不同环境下的每一个瞬间里，火的燃烧都各不相同，这种差异性表现在它在蔓延时所呈现的各种形状上。风力越强，坡度越陡，火的外缘就越像狭窄的椭圆，从一堆煤块的形状变成了像雪茄一样细长的几何形状。相反，一股强大的对流气柱就像一个磁环，可以把火焰控制在它缓慢旋转的范围内。地形、风和植被混杂形成的一个燃烧场景里，同一团火也可能会呈现成一组松散的火焰，这种现象不足为奇。

---

① 本生灯：德国化学家 R.W. 本生的助手为装备海德堡大学化学实验室而发明的以煤气为燃料的加热器具，是实验室常用的中高温加热工具。——译者注

加拿大北部森林的地面火蹿到树冠上形成的树火把

　　如此，火是自由燃烧的，因为它可以"自由地"随着环境变化。它不会像在燃烧室里那样受到严格的限制，也不会通过

喷嘴注入得到提炼过的燃料和氧气流。它燃烧的是在岩石地貌和大气湍流中基于进化生态学而形成的天然生物质。然而，燃

烧既不是随意的，也不是不受约束的。地形的边界限制了火燃烧的范围。气团之间有像天花板一样稳定的分层，两个气团之间的分层是火移动的阻碍。生物界中到处都有缓冲带和隔离区，植被在形状、化学成分和湿度上千差万别。单一因素的影响都是可以预测的，但这些因素共同作用下的结果却变化莫测。

消防从业者将这令人生畏的复杂性简化为经验法则，使他们能够猜出火灾的去向、火灾到来的时间以及燃烧的剧烈程度（或温和程度）。大多数研究火灾行为的数学模型将火灾场景

发生在美国加利福尼亚州南部的查帕拉尔大火，很好地展现了灌木丛、易挥发的可燃物、地形和对流气柱的影响

1924年，在美国加利福尼亚州南部陡峭山脉的作用下，火形成了高耸的对流气柱，进而形成了火积云

2009 年，黄石国家公园山金车（一种植物）火灾引发的在更大范围内扩散的烟团

下克拉马斯国家野生动物保护区，利用气体对流控制火势，通过强烟团把火往中心地带吸引

1991 年，俄罗斯雅库特北部森林大火中一块被焚毁的区域，大火导致未燃烧的树木形成条状图案

简化为表面扩散模型，因为风和斜坡会导致火焰前锋燃烧正对着或远离接收其热辐射的新燃料。对比火所在地表的燃烧区域和它升入空气中的烟气，火的燃烧区域似乎缩小了，缩小到可被视作平面的程度。

然而，事实并非如此。实际情况是当高温释放的气体与大气中的气体混合或在其中流动时，会产生厚厚的空气动力学涡流。火灾是气象灾害，与沙尘暴和飓风一样，它也聚集了地表释放的热量。在燃烧区域上方会出现一股烟团，如果足够强大，就能自成一体，即使是劲风也只能把它吹变形，而不能将其吹散。难怪火焰的形状如此多变，它蜿蜒盘旋，沿着地表和大气之间的模糊边界，从一个稳固的平台上升，大胆地在自由的气流和它产生的气体中横冲直撞。

燃烧的深度：地质时代的火

燃烧三要素中，每一个要素都有着漫长的历史，堪称古老的编年史，可以追溯到地球上生命的起源时期。每一个要素都独立进化，但又相互纠缠，相互交织。大约在 4 亿 2000 万年前，它们第一次聚集在一起——产生了火。它们在古生代早期的沉积岩中留下了痕迹，就是一种被称为丝炭的形似木炭的煤岩。

丝炭是化石木炭，是不充分燃烧的黑色残炭。自然火几乎无法充分燃烧，尤其是燃烧物体积很大的时候。一些碎片只会失去挥发物，也就是说，它们会排出或散发掉那些容易转化为气体的化学物质；当火焰的光芒消失后，它们无法继续产生不易燃的物质燃烧所需的热量。有一小部分富含盐分或不含碳氢化合物的物质永远不会燃烧，将以矿物质灰烬的形式存在。绝大多数情况下自然环境是如此复杂，以至于即使是非常强劲的野火也只会星星点点地燃烧，留下一些根本没有燃烧的地方和另一些仅被烧焦或烤焦的地方。所有这些"幸存者"都进入了地质记录。

它们是记录火之进化的"化石"：它们证明了地球上的

火曾经有着多变的形状和丰富的种类。在大气含氧量较高的年代，火燃烧得更明亮；当更易燃的植物（比如草）出现后，火燃烧得更快；火在近岸的泥炭沼泽里闷烧着，在较干燥的针叶树丛中熊熊燃烧。有些地方经常有火出现，而有些地方则少见火的踪迹，同样，有些地质时代火灾发生频繁，有些时代则积攒下了煤炭。虽然燃烧反应背后的化学原理没有改变，但燃烧反应所表现出来的火随着环境的变化而各不相同。细菌和双峰驼的生存都依赖于克雷布斯循环，但它们看起来

远古时代的火：英国约克郡发现的嵌在侏罗纪中期形成的砂岩中的丝炭碎片。大多数丝炭颗粒较小，呈煤粉状

毫无相似之处，火也是如此。二叠纪的火可能像二叠纪的植物一样独特，侏罗纪存在遭受火灾的恐龙，白垩纪存在穴居用火的哺乳动物。灾难和生物灭绝在地质史上时有发生，中生代早期几乎就是无火纪。

地球之火的通史记录了丰富的氧和燃料出现过的痕迹。最早的陆生植物出现在志留纪，但在当时，它们的分布密度显然不足以传播火种，这种情况一直持续到泥盆纪第一块丝炭出现。当时的大气含氧量约为13%，而今天的大气含氧量为21%。第一片森林出现后，氧气含量增加，丝炭的量也随之急剧上升。这些都在石炭纪达到了顶峰，可以燃烧的东西更多了。这是一个积累煤层和丝炭的时代。能够与化学物质结合的氧气量也远远多于之前的水平，据估计，氧气含量上升到35%。这也导致了物种巨大化现象：蟑螂和比格猎犬一样大，蜻蜓和秃鹫一样大，或许当时的火灾规模也相对较大。当然，木炭也积累起来了。在石炭纪煤层中，丝炭的量达到了煤层的10%~20%。

目前研究尚未明确最初是什么样的火留下这些沉积物，但是生物质数量增多并不意味着燃烧也增多，因为只有当中的一小部分可真正用作燃料，而其中最重要的是小颗粒。氧气量增多也不意味着自然环境中会出现自燃。燃烧反应只能在燃料表面进行，其水分含量和氧气量一样重要。

保存下来的烧焦植物的纹理表明，火就像它们燃烧的环境一样善变。在针叶林、蕨类植物丛和泥泽中都有火的化石记录。火可能发生在厚厚的有机土壤中，这并不罕见。即使在今天，当发生干旱或人为排水降低水位时，这些地方仍会着火。东南亚的热带泥炭是温室气体的主要来源；1972年、2010年的莫斯科笼罩在附近的泥炭火穴产生的烟雾中；2007年美国最大的火灾发生在佐治亚州和佛罗里达州边境的奥克弗诺基沼泽。即使百年一次的大火也能解释石炭纪煤层中丰富的丝炭的出现。

有上升就有下降。在宾夕法尼亚纪含氧量下降，在三叠纪含氧量又恢复到原来的水平。然后含氧量再次上升，在白垩纪和第三纪交替时达到峰值，正逢大规模生物灭绝和大规模燃烧发生的时期。从那时起，大气中的氧气量急剧下降到目前的水平。化石记录显示了类似的高峰和低谷，但与大气中氧气含量的波峰和波谷并不一致。丝炭在古生代和中生代交汇的时期较为匮乏，但在中生代晚期比较丰富，在整个第三纪有大量的浅层的沉积。总的来说，这一趋势是下降的，在最近的几个时期丝炭的量明显比过去少了很多。丝炭变化的规律并不与氧气变化完全一致。

为什么会这样？编年史也许只是反映了被归档的事件，根据档案记载，沼泽遍布的时代更有利于丝炭的保存。缓慢燃烧的土壤留在原地，燃烧后再次被水淹没。但可能存在一种更加动态的解释，因为氧气只是"火三角"关系模型的一部分。建模者把生物简化成"燃料"，而实际上生物是生物质生产者和消费者不断进行复杂进化的结果，火在其中扮演的角色就像一个莽撞的清道夫。植物中木质素比例的提高，气候变化或浅海地理条件的变化，或新的以嫩叶为食的动物（或以这种动物为食的食肉动物）的出现，都会影响可燃物的性质和数量。在实验室里，操控氧气来燃烧预先准备好的相同的燃料样品并不代表燃烧的真实情况。真实情况下，户外燃烧一定会综合其周围的所有环境因素，而不仅仅受一种化学物质的影响。

在某些方面，长长的编年史更多体现了火的普遍性和持久性，较少体现火突然爆发或保存方面的历史。例如，中新世出现的草（以及后来的 C4 植物）化石，提高了当时火灾的发生频率，却没有留下太多记录。那些保存丝炭最多的时代，果然也留下了最丰富的生物化石。关于火的深度历史，地质记录更能体现的是燃烧的悠久历史和广泛性，而不是火灾的数量。直到手持火棒的人类的到来，充当燃料和火焰之间的中间人，针对火的研究才有了根本的改变。

值得重视的是，这个新因素并不代表物理环境（如气候或氧气量）的变化。人类干预使火的三要素中的第三个要素——点火，受到了生物的控制。想想 2010 年夏季困扰俄罗斯欧洲区域的大火，就能明白点火是如何改写了整个故事。最顽固的（也是最危险的）火发生在广阔的有机土壤中，这些土壤中的水分在苏联时期被排干，暴露出来的泥炭被提供给发电厂做燃料。由此，人类把一直以来泥沼燃烧所基于的干旱和

印度尼西亚东加里曼丹燃烧了 11000 年之久的煤层火

2011 年的一场大火再次烧毁了曾遭受 2008 年火灾的美国大沼泽地国家野生动物保护区。黑熊和幼崽将会在新生长起来的富饶环境中找到食物，而不是绝望无助。毕竟熊不能从已成材的森林或沼泽中获取食物

闪电自然节律转变成了基于经济学和火力发电机的工业节律。一场严重的干旱再加上数百起人为引发的大火，使得燃烧的

泥炭几乎无法被扑灭。唯一的解决办法是重新淹没这些沼泽地或者等到干旱季节结束。

燃烧泥炭并不是什么新鲜事儿。无论寒冷还是温暖，无论在寒带还是热带，湿地、沼泽地和泥炭地中的有机土壤早在石炭纪就已经开始燃烧了。近几千年来，它们燃烧是因为人类有意无意地点火。近几十年来，它们再次燃烧，规则却有些许不同，因为人类试图把它们改造成农田、牧场和棕榈树种植园。大规模排水和开采泥炭作为发电厂的燃料，不过是近年来的一项创新——一项重新定义燃烧属性的行为。然而，过去不是那么容易被抹去的，燃烧的泥炭产生的烟雾笼罩了莫斯科，并导致谢列梅捷沃国际机场关闭，这只不过是上亿年前历史的延续。火燃烧的深度不仅有关它穿透的生物质的层数，更关乎它所延续的时间。每一段历史情景都彼此嵌套，像俄罗斯套娃一样，它们共同构成的故事就是火的历史的缩影。

第二部分

被驯服的火

我知道我从何而来！/像贪得无厌的火焰一样/……毋庸置疑，我就是火焰。

弗里德里希·尼采《瞧，这个人！》（1888 年）

原住民捕获闪电，引燃手中的火杖

🔥 3. 火之生物

火的历史波澜壮阔，宛如潮汐在生物进化的海岸处起起落落，汹涌激荡。物种出现又消亡，火情发生规律出现又消失。火频繁出现在一些地方，在其他地方却从不见踪影。但所有这些变化都围绕着同一个主题：火存在的基础没有改变。随着新生物种的加入和生物圈这个牌桌的重新洗牌，新的火情发生规律不断涌现，旧的规律也再次现身。

然后改变发生了。自泥盆纪出现火焰以来最具突破性的事件是一种生物获得了直接操纵火的能力。这一变化发生的原因未知，确切的发生时间也不确定。但是一旦开始，人类，就像火一样，并且和火一起，如火焰一般四处蔓延，最终灼烧并重塑整个地球。这是地球 4 亿多年火的历史上最重大的一次事件。

因此，虽然地球上火的历史悠久，但并未出现过真正的"火之生物"——这种生物不像其他生物一样去适应火，而是利用火并让世界来适应火。然而，作为一种"赋能技术"，火不太可能成为工具。因为它不是一件物品，而是一种反应，并且火不能全靠自己行动，而是通过一段强烈的相互作用过程，作为一个可以撬动整个生物群系的生态支点。火代表着一种变化，使用它的物种也是如此，拥有火的物种拥有了一种不同于以往任何物种的力量。

看管火种

原始人懂得利用工具。过着群体聚落生活的物种能人（又名巧手的人）名字的由来可能跟他们能够使用简单的石器有关。工具并非新奇的创意，在他们所处的环境中，火也不罕见。非洲南部和东部自然火灾泛滥，旱季和雨季的交替决定着季节的转换，闪电起到了火柴的作用，这一作用在旱雨季的过渡期尤其高效。事实上，所有的动植物都必须适应火才能生存。

能人生活的诀窍就在于把火从环境现象变成他们可以控制的东西。经过改造的石制和骨制工具类似于胳膊、手、指甲，可以辅助人类脆弱的爪、颌和四肢，但火不同。早期的人类在被火烧过的土地上跋涉穿行，学会了在火中碰运气。他们不是发现火，而是捕获火并按照自己的意愿来改造和使用火。在某个时刻，他们捡起火种，就像捡起一块孤零零的石头，可能是无意的，就像澳大利亚北部的老鹰那样。在某个地方，他们拿住一根火棒没着火的那一端，或者舀起灰烬，就像拿起石片一样，去完成某项任务。被他们拿到后，火就变成了一种工具。

火独特的性质使其成为一种非常独特的技术。当然，从起源上说，火不是被创造出来的，而是被发现的。一旦被掌控，它原有的形状就解体了。石斧或骨针可以保持形状不变，但火不能，它需要不断地维持燃烧状态或被重新点燃。它只能被季节性地从大自然中再次获得，因为大自然支持它保持明亮的燃烧状态，或者埋藏在灰烬中。生火的能力是燧石和钻木取火技术提高后才出现的。原始人看到撞击石头会迸出火花，或是摩擦木头会冒出轻烟。如果旁边有易燃物，工具的制造者就变成了火的制造者。直立人能够维持火，但或许直到智人时代，人类才学会生火。关于火的起源，有许多神话故事。这些神话故事都讲述了火是如何被盗取或被赠予，然后又逃到世界各地，藏身于石头、树木或草丛树木中，直到人类千方百计把它们召唤出来；甚至，已经融入现代的土著，如澳大利亚土著和安达曼群岛岛民，仍选择随身携带火，而不是不断地重新生火。

火被点燃后，需要持续地照看。它需要源源不断的燃料补给，无穷无尽地拨弄聚拢，以免烧掉持火者想要保留的东西。同时，还需要娴熟的技巧和足够的环境敏感性，才能确保火只燃烧用火者想要燃烧的东西。火与其他工具的不同之处在于，被携带的不是火本身，而是能够生火并且能够让火持续燃烧的东西。这种需求超出了任何人的个人能力，只有一群人才能做到既要照看火堆，还要留出时间做其他事情。这种行为模式的典型范例就是养育孩子，这种类比仍存在于许多语言中［在英语中，"kin"（亲戚，家族）和"kindle"（点燃）词源相同］。

局部烧除：俄克拉荷马州高草大草原国家保护区内三片烧焦后再生的草原，拍摄于 2009 年

火在重塑景观生态之前，先重构了社会关系。

　　火的奇特之处层出不穷。例如，不能像使用刮板或砍刀那样"使用"火，而是要把它置于希望它产生作用的环境中，它顺应所处的环境而呈现出不同的形式。火的使用意味着环境的塑造，它具有改造生物界的属性。虽然它本身并没有生命，但它会呼吸，会进食，有温度，会移动，会发出声音。它必须得到照看、培育和驯化。它必须得到庇护，

当它被丢弃时，就是它的死期。作为工具，它更接近于生物技术而不是机械技术，它的行为更像一只牧羊犬或奶牛，而不是

1986 年，澳大利亚北领地首府达尔文郊外的野火。大火赶跑了昆虫、哺乳动物和蜥蜴，吸引来了老鹰和楔尾雕等捕食者

一把斧头。

此外，机械工具代替了肌肉和爪。然而，与火最相似的不

菲利普·金的水彩画：带着火棒的原住民家庭。这是第一次由一位欧洲艺术家还原澳大利亚原住民的艺术演绎。毫不意外，这幅画显示他们甚至连孩子，都拿着一根火棒。威廉·布莱克后来把这幅画做成了雕版画

是人类的生理结构，而是生理机能。燃烧更像是消化，而不是击打或刮擦，这也解释了为什么说烹饪从总体上来说是高温技术的原型和范例。

消耗火

火引起的巨大变化首先是从内部开始的。它改变了手持火炬的生物，而后者则将这种力量应用到了外界。这一媒介和范例就是烹饪。烘烤、炙烤和煸炒食物等烹饪方法衍生出加工石头、沙子、金属、液体、木材等任何可以通过控制加热过程将其改造成可用形式的技术，一团普通的火焰使它们发生了转变。

烹饪的过程简单，结果却很复杂。加热增加了生物质的价值：它使进食变得更加容易，更有效率，还能增强营养价值。加热将团块状的碳氢化合物转化为满足生理需要的燃料；它改变蛋白质性质，使淀粉糊化，或以其他方式使食物更易消化；它将无法入口的淀粉转化为高热量的碳水化合物；它能够除去许多有害化学物质，解除食物的毒性，杀死虫子、细菌和寄生虫。加热将狩猎采集得来的一份微不足道的生物质，转变为能够维持有机体生存的食物。人们可以吃的食物种类更多了，得到的好处也更多了，比如，煮过的块茎甚至比未煮过的肉热量更高。

　　因此，饮食方面的根本改变重塑了人类的生理功能和人体形态，这促成了一系列人类有史以来最显著的生理结构变化：人类通过机械和化学的方式来分解生物质的需求减少，与同源灵长类动物相比，人类的嘴巴、胃和肠道尺寸都缩小了；火已经为人类做了初步的咀嚼，因此人类的牙齿和颌面更小了；火已经对食物纤维和肉类进行了分解，因此人类的胃和肠也变得更小了；人类不再需要肌肉发达的巨大头骨或规模庞大的消化道，人类的脑容量变大，内脏却变得更小，人类可以加工思想而不是处理牧草。这些变革不能仅被视作环境变化的结果，变革一经发生，就被记录到人类的基因编码中。人类从生理学上依赖烹饪。

　　近来，各种各样的另类食物爱好者尝试只吃生食。正如克洛德·列维－斯特劳斯[1] 在《神话学：生食和熟食》（1964年）一书中所述，烹饪是文明的一部分，他把烹饪与对文明的不满情绪联系起来，其中包括对过度加工生产出的许多不健康的现代食品的合理谨慎。尽管列维－斯特劳斯是对的，但人类不能仅靠生食而生存，即使全年都能吃到新鲜食物并补充营养。若没有火，人类也就不复为人，象征意义、生理意义上都是如此，因为人类就无法获得足够的能量来维持生

---

① 克洛德·列维－斯特劳斯：法国作家、哲学家、人类学家，结构主义人类学创始人和法兰西科学院院士。生前曾出访美国、加拿大、墨西哥、巴西、日本和朝鲜等国，被认为是"所有流派（和无流派）思想者的财富"，被国际人类学界公认为最有权威的人类学家，他的研究主要集中在人类亲属关系、古代神话以及原始人类思维本质三大方面。——译者注

存，也就无法繁衍后代。生食从没有经过烹饪的食物中以一种怪异的方式呼应了火的起源神话，神话中生食被普遍认为是对人类权利最绝望的剥夺。

火从灶台到栖息地

热加工技术对世界的改造开始于人类对自己的改造。对火的控制改变了人类的生理结构和生理机能，并被写入人类的进化基因中。同样，火也改变了人类的行为，人类必须不停地照看着火，人类围着火堆吃饭、社交、讲学或讲故事。尤其重要的是，火影响了人类对自身的感知。同源生物也使用工具，但只有人类才使用火。拥有火是一种浮士德式的交易 [1]，刻意地将人类与所有其他物种区分开来。

在火的所有用途之中，烹饪用火是热加工技术的典范，灶台逐渐演变成火炉、锻造炉和本生灯。人类可以用火把木头加工成坚硬的尖矛，或者把它变成灰烬；人类可以用火煮、焙或烤石头，使其变软，更容易切割成薄片；人类可以把沙子融化成玻璃，把矿石熔炼成金属，把黏土烧制成陶瓷；有了火，人

---

① 浮士德式的交易：一种心理障碍，主要内容是一个人对一种看似最有价值的物质盲目崇拜，从而使他失去了理解人生中其他有价值的东西或精神的机会。这种症状会使他永远沉浸在理念与结果的落差中，从而使他贬低他人的行为。——译者注

类可以砍伐并挖空树木；有了火，人类可以开凿岩石隧道。不管做什么，火都能加快并加强这些行为。它是炼金术的工具，是现代化学的方法，是几乎所有人类活动的通用催化剂。通过火，人类让地球变得适合居住；通过火，人类能够离开这个星

《马尔库斯·维特鲁威·波利奥的建筑学》第 2 卷的卷首插图。对火的控制程度是衡量文明的尺度

球去探索其他星球。

科学家们早就认识到，火是技术的基础，因此火也是人类力量的基础，是人类身份和生态存在的决定性特征。在《被缚的普罗米修斯》（出自公元前5世纪埃斯库罗斯之手）一书中，受宙斯恶意惩罚、饱受折磨的泰坦族人普罗米修斯给衰弱的人类带来火，使得"人类所有的技艺"成为可能，并且除了这个实用目的之外，火和希望还"使人类免受未来的厄运"。老普林尼[①]在他的《自然史》（公元1世纪）中惊叹"几乎各项操作都离不开火……它是一种不可估量的、不可控制的因素，很难说它是消耗得多还是生产得多"。万诺乔·比林古乔[②]在他概述文艺复兴时期学说的《火法技艺》（1540年）一书中认为：几乎所有的技术都是热加工技术，因为它们都"依赖于火的行动和美德"。

1720年，科学革命发生后，赫尔曼·布尔哈夫就宣布："如果在解释火的本质时犯了一个错误，这个错误就会蔓延到物理学的各个分支，这是因为在所有的生产中，火都起到了主要的促成作用。"从那时起，人类的燃烧习惯从燃烧地表生物质转变为燃烧化石燃料，其影响是如此深远，以至于界定了一个新

[①] 老普林尼：古罗马百科全书式的作家，以其所著《自然史》一书著称。《自然史》一书在17世纪以前的欧洲是自然科学方面最权威的著作。——译者注

[②] 万诺乔·比林古乔：意大利冶金学家，以其去世后出版的详尽阐述采矿、筛选提炼、冶炼与金属制造过程的《火法技艺》而闻名。《火法技艺》保存了早期冶金和无机化学的许多实用资料。——译者注

的历史纪元，即人类世。从此，尽管火就像圣殿里的祭火那样永续存在，但它并不再出现在日常生活中。

人类不再守着灶台，人类的火也同样不再局限在灶台。人类四处觅食、狩猎、游荡，不再简单地把物品带到火的旁边，而是带着火到了更广阔的世界。在人类的应用下，火焰不仅仅是一种化学反应，更是一种生物化学反应。人类用火焚烧环境，人类开始"烹煮"地球。

现代思想就像现代科学一样，倾向于还原论，但是人类对火的体验可能恰好相反，人类一开始体验到的是身边世界中火的复杂性和普遍性。早期的人类会看到火是如何作用于环境的，因为燃烧的环境正是人类生活、狩猎和觅食的地方。他们可能会注意到，就像今天来到非洲稀树草原的普通游客会注意到的那样，野生动物会被吸引到被火烧过又重新长满绿草的区域，因为这些地方提供了鲜嫩多汁且富含蛋白质的草。他们明白，火让那些被烧过的地方为食草动物提供美味，就像烹饪可以使生肉和块茎更美味一样。火烧过的地方宛如一个特别的储藏室，储藏着成堆的野味和植物，这里是可以找到食物的地方。早期的原始人就是逐火而居的物种。

任何生物总是朝着对自身更有利的方向去改造栖息地，这是司空见惯的，但是在人类出现之前没有一种生物有能力大规模重建栖身的环境，尽管非洲羚羊或北美野牛有能力判断它们所吃的青草出现的时间和地点，海狸会引发洪水改造林地。然而，燃烧比灌溉更富变化性。火会传播，会相互作用，也会进行催化。控制火，即使只是决定在何时何地点燃它，然后使其自生自灭，也是一种非凡的能力。每经历一次燃烧，借助所获得的经验，再加上环境自身也会改变以更好地适应新规律，都可以使人类进一步提升对火的掌控能力。尽管如此，人类对火的掌控仍然非常脆弱，因为看似被驯服的野兽也会发狂。放松对火的警惕就像训练一只灰熊跳舞那样，危险十足。虽然火带来了风险，但它赋予了人类一种生物力量，其力量远超斧头和梭镖，它使人类能够改造整个生态系统。

与简单的物理热加工技术一样，这种生物热加工技术也得到了广泛的应用。人类利用火来狩猎、觅食、耕种、放牧，甚至是捕鱼（火光会把鱼吸引过来，这样人类就可以用矛来叉鱼）。事实上，人类的饮食被烹饪了两次：一次在田野里，一次在炉灶里。人类在大地上所做的几乎每一件事的每一个技术环节里，都有火的身影。人类在其劳作的土地上广布火种，火生生不息，宛如祭坛中放置的永恒之火。地球，这颗火之星球也迎来了最重要的物种。

从手中之火到脑中之火

当手中之火变成脑中之火时，火就进入了民俗、神话、科学和哲学的领域。几个世纪以来，火一直是学者研究世界如何运转以及人类如何身处其中的重要议题，它将人类推到了食物链的顶端。虽然火变成了一种深层隐喻，它是源头，而不是结果。万物似火，但火异于万物。

火在日常生活中占据了突出地位，明火能够温暖身体、照亮房屋、煮熟食物、锻造金属、烧制陶器，使牧场重现生机，使田地适于耕种。人类醒来后的第一件事是生火，睡前的最后一件事是用灰将火封存起来，这一切都意义非凡。火对自然的作用就像火对人类的住所的作用一样，因此在苏格拉底之前的自然哲学家和神秘主义者赫拉克利特①将火作为自然基本运作规律中的一类和其象征。火焰作为抽象符号的研究延续到现代。近期的一项研究将现代对火的评述概括如下：

> 地理学家卡尔·索尔认为，火似乎是人类与周围环境有关的力量的起源正是它使早期人类突破了"环境的限制"，开始了"一种新的生活方式"。博物学家（同时也是一位神秘主义者）洛伦·艾斯利总结说，火是"使智人获得优势的魔法"，他认为人

---

① 赫拉克利特：一位富有传奇色彩的哲学家，是爱菲斯学派的代表人物。著有《论自然》一书，现有残篇留存。赫拉克利特将火看作一种宏观物质形态，主张生机勃勃、往复燃烧熄灭的火是宇宙与万物的本源，万物生自火，复归于火，火是万物变化生灭的活力之源。——译者注

瑞典的现代火灾科学家使用一种传统装置——绑在杆子上的一小块桦树皮来点燃试验区

类本身就是"火焰"。古生物学家（同时也是一位神秘主义者）皮埃尔·泰亚尔·德·夏尔丹把思想的起源即意识，比作在"一个严格限定的点上迸发的火焰"。克洛德·列维－斯特劳斯（同时也是符号学家和神秘主义者）认为火是文化与生物之间的鸿沟，把世界分为生、熟两半，并宣称"通过火，依靠火，人类才得以拥有现在的所有属性"。英国结构主义者埃德蒙·利奇当时就对这一观点进行了简单的回应，他宣称，人类"本不必烹煮食物，他们这么做是为了象征性地表明他们是人而不是野兽"。工业时代的人类已经距离火的根源太远，以至于他们关于火的论述变得如此愚昧。

也许火对人类心灵的作用就像它对原始人内脏的作用一样，即使火在现代社会中有了新的身份，它仍然是文化的决定性特征。就像普罗米修斯，他逐渐地从神话中的巨人化身成了优秀的发明家，或者仅仅是叛逆者的象征。火本身也从创世故事中的关键转变成了虚拟的存在，但并非完全如此。火仍然是地球生态系统的核心，也是过去百年里全球变化的驱动力。它作为隐藏的灵感源泉，力量似乎无穷无尽。正如普鲁塔克[1]所述，头脑并不是一个需要被填满的容器，而是一支需要被点燃的火把。

🔥 4. 火之杰作：人类用火实践

使用火是一种驯化火的方式，烹饪是典型的在家庭中使用火的范例，但人类对火的运用不限于此。火通常起到催化作用，这让它在人类的日常生活中必不可少，并且和环境相互影响。随着时间的推移，野火被赋予新的身份。它被人类驯服，并被

---

[1] 普鲁塔克：罗马帝国时代的希腊作家、哲学家、历史学家。——译者注

用于狩猎、采集、捕鱼、耕种、城市化和机械加工过程。人类无论做什么都离不开火，都需要与火合作。

火灾模式还会因人因地而变，主要是因为人们对燃烧的控制程度不同。人类最初会通过控制火源来操纵火，决定火燃烧的时间、地点、频率和规模。后来，人类可以通过有意识地控制燃料来操纵火，改变环境，甚至在极特别情况下改造对自然火灾免疫的地方，使燃烧更容易发生。人类可以通过劈砍、干燥、铺展、堆叠等手段将大量生物质转化成燃料，从而减少季节和空间对燃烧的限制，也就是说，人类可以改变火灾发生规律并营造火灾发生环境。

人类可以通过多种形式把生火方法和燃料结合起来，二者组合的逻辑既符合当前实际又具有历史意义。砍伐活动通常伴随着燃烧，但燃烧并不一定需要通过砍伐来实现，燃烧本身就是改造燃料的一种手段。此外，人类运用火的每种方式几乎都能与火在自然中的作用相呼应。人类的打火棒对应着自然界的闪电，闪电一次又一次地点燃自然界中的火（当附近有被闪电点燃的自然火源时，一些文明中的原住民常常会熄灭篝火堆，再用新的火源把它重新点燃）。树木受到大象和风暴的摧残，待残枝败叶燃烧殆尽，再萌发出繁茂的新芽。火焰会驱赶大量物种，一整条功能齐全的食物链都会行动起来，其中既有四处逃窜的昆虫，也有急于觅食的猛禽。只有人类手持火把，让这一过程朝着对自己有利的方向转变。

　　在众多讲述火的起源的神话中，火通常先是被盗取或被捕获，然后被流放在大自然中，直到人类发现并利用它。这是对原住民用火实践的生动阐释，因为火来自于自然，并依靠自然传播，这也是狩猎采集社会往往会逐火而居的原因。随着时间的推移和工具的完善，人们可以有意识地改变栖居的环境，土地更容易着火，人们也更大胆地放火。经过反复用火，环境对火更加敏感。这就是：火又生火。

罗伯特·哈维尔的《乔治王海湾和邻近的乡下》，第一组图，1834 年。注意画面前景中的篝火和画面中间的丛林之火

原住民用火：控制火源

人类的一些用火实践可以仅仅通过控制火源来实现。自然火灾为人类接管做了铺垫，就像用奶牛代替野牛一样，人类也会先发制人地利用燃烧或者其他方式用人造火取代野火。这种手段让满足人类需要的火烧得更旺，而将那些对人类无益的火扼杀。通常，原住民的燃烧行为（我们姑且这样来称呼）在旱季早期就开始，并随着雨季的临近而达到高潮。每年情况都差不多并且年复一年循环往复，因为被人类驯服的火已经取代了大自然的野火。

想要了解人类如何改变火的发生规律，只需思考两个组织原则，即廊道和斑块，这里的廊道和斑块又被称为火线和火场。火线描绘了行程路线，火场则描绘了值得特殊关注的、可以通过狩猎和采集获取动植物的地方。

用火觅食能够修整浆果丛和灌木丛，促进小枝萌发，使其结出更多的果实。火能够刺激百合等块茎类植物的生长，火还能够帮助人类收获松子、栗子和鲜花。此外，火能够暂时除掉壁虱和秋螨等令人讨厌的害虫；能够除掉缠绕的藤蔓，保持道路畅通，让行人看得见路；能够在藤条屋和茅草屋等易燃居所的周围开辟防御空间；能够让老虎、蛇或敌人突袭等潜在威胁暴露无遗。燃烧产生的烟雾还能用来交流，通过控制烟雾可以向部落发出警报，告诉他们有一群怀着善意的异乡人正途经此地。火也可能被恶意利用，成为战争的武器。

通过有选择性的燃烧，人类可以为自己喜欢的动物创造更适合它们生存的环境。一场有益的火可以延缓密林形成的速度，让动物赖以为食的喜阳植物和草类生长得更加旺盛。短期来看，燃烧过的地方发挥了诱饵的作用，灰烬下生长出来的丰盛嫩芽可以吸引动物前来（就像在蚊子、苍蝇大量孳生的地方使用烟熏罐一样）。长期来看，反复燃烧可以保证栖息地不至于发展成灌木丛或密林，从而打破自然的限制，提高猎物的种类和数量。比如，麋鹿、跳羚、白斑鹿等动物都无法在老龄林里苗壮成长，季节性燃烧可以引导有蹄类动物季节性迁移。在针叶林地区，用陷阱捕猎的猎人会烧出一条条通道，这些通道会成为作为捕猎对象的哺乳动物在冬季的行动路线，因而也是设置陷阱的理想地点。

人类还可以采取主动驱赶猎物的方式用火捕猎，把火焰当做一种助猎工具迫使动物穿过或进入埋伏圈。火焰配合着长矛、弓箭，场面十分壮观。采取这种捕猎方式，任何食草动物都难逃一劫。生活在北美地区的原住民用火把鹿赶进潮汐岛或湖泊，把野牛赶上悬崖，把兔子包围起来，甚至用一圈一圈的火焰和浓烟来围拢蚱蜢。这一方法的绝妙之处在于它能让栖息地重新焕发生机，给有价值的猎物提供合适的生活环境。这种行为绝非蓄意破坏环境，而是可持续发展的典范。

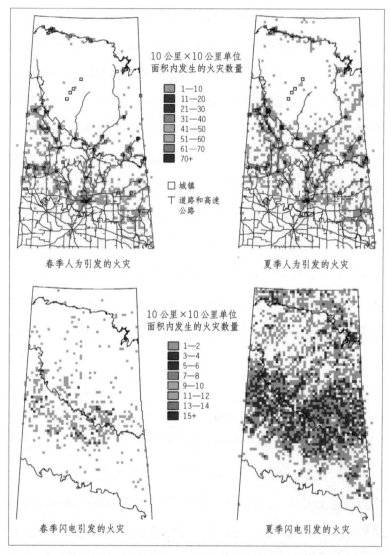

加拿大萨斯喀彻温省1981年至2000年的自然和人为火灾的地理分布

上左图和上右图显示了春季和夏季人为引起的火灾的分布情况，注意火灾与道路和城镇的紧密联系。下左图和下右图显示了由闪电引起的火灾的分布情况。这些火灾开始于北部大草原，并显示出一些聚集特征，但其模式与人为火灾有着很大的差异

放火逃生。A.F. 泰特为柯里尔和艾夫斯平版印刷公司所作。《草原上的生活，捕猎者的防御，以火攻火》，1862 年（柯里尔和艾夫斯：美国平版印刷公司。该公司印刷美国生活图片和政治卡通海报，用简洁的手法精确描绘时下发生的重大事件。——译者注）

　　每个大陆上都有人类用火捕猎的历史记录，但目前为止最佳的实地记载来自澳大利亚。原因很简单，澳大利亚是欧洲人造访的最后一个被植被覆盖的大陆。这里的原住民以打猎、捕鱼和采集为生。最先遇到原住民的探险队中有博物学家，他们的记录方式与传教士和西班牙征服者们完全不同。此外，澳大利亚有很多偏远地区，用火捕猎的做法在这些地区一直延续到近代。人类学家里斯·琼斯总结了澳大利亚北方热带地区原住民的用火习惯，将其描述为"火棒农业"。在他看来，这种多

约瑟夫·莱西特，《原住民用火猎杀袋鼠》，约1820年，纸面水粉画

样、细致且不间断的用火实践可以算作园艺学。原住民像农民一样充分塑造土地，但其塑造土地的方法不被欧洲的一些专家认可，因为他们使用的不是斧头和犁耙，而是火棒和长矛。在这一过程中，火是一种万能的催化剂，如果它不被算作是工具的话。探险家们将原住民独一无二的燃烧方式直观地记录并保留下来。

　　1847年，测量员托马斯·米切尔对此发表了著名的总结性言论，其结论如下：

　　　　在澳大利亚，火、草、袋鼠和人类似乎相互依存，若其中任何一环不复存在，其他各环也都无以为继。火是燃烧野草和防止密林形成的必要手段，大型袋鼠只能生活在疏林中，因此当地人在特定的季节焚烧草地，促进幼嫩的绿色作物的生长，吸引来袋鼠，再用网捕捉或杀掉袋鼠。在夏季，焚烧生长茂盛的草也会暴露出小型动物和鸟巢等，为妇女儿童提供食物来源，因而妇女儿童也是焚烧草地的主力。如果没有这一简单的过程，澳大利亚的森林可能像新西兰或美洲热带森林一样茂密，而不是现在供白人放牧牛群的疏林，袋鼠也无法在此繁衍。

最后，米切尔以一个忧伤的句子结尾："（悉尼）再也看不到袋鼠了；草地被林下灌木掩盖，也看不到原住民烧草了。"

在偏远地区，传统做法没有因为原住民的减少、兔子、羊或杂草的入侵而受到影响。20 世纪 30 年代，H.H. 芬莱森亲历（并拍摄）了一次火猎，他把这幅照片取名为《红色中心》。"黑人最喜欢的捕猎方式就是在野外放火。"

第三天是个完美的日子，天气炎热，还刮着西北风。我们一大早离开营地去猎场时，黑人们个个精神抖擞，哼着小调，快速地转动着手里的火棒，时不时向另外两个从没见过这种狩猎方式的新手传

原住民的狩猎场面，H.H. 芬莱森，《红色中心》，20世纪30年代

授经验。

　　随着长年累月的重复，整个捕猎的流程已经被不断完善并趋于标准化：先是有人手持火把在风中飞奔，这些人从起点开始分成两拨，分别沿着两条路线向前跑，每隔五十码就把火把猛插进鬣刺草丛中；没过多久，就形成了马蹄形的火焰，油脂丰富的易燃植物被烧得劈啪作响。当然，这场野火燃烧的猛烈程度取决于捕猎团队的规模。就本次捕猎而言，当跑着放火的人被召回时，这块马蹄形火焰的两条边已经差不多有两英里长，迎着风的火焰两端相距约一英里。马蹄形

火焰以外的区域就听天由命了。但按照事先的安排，猎物行踪最密集的区域都被包含在火线之内，猎手们的注意力也都集中在这个范围之内。

随后，事情的进展分为三个阶段，每个阶段都有杀戮。虽然火焰逆风前进的速度非常慢，但是随着火势的蔓延，所有生物都会在火焰来临前离开草丛，并逐渐集中。当火焰迎着风挺进时，猎手们则慢慢地从火焰旁向后撤，敏锐地观察着草丛中的每一点动静。一旦有猎物突然窜出来闯进射程范围之内，就很难逃过猎手们的投枪。以上是火猎的第一阶段，它占据了上午的大部分时间。与此同时，马蹄形火焰两端逐渐逼近，当它们最终彻底闭合时，猎手们会突然加快行动，捕猎进入第二阶段。

在风力的推动下，封闭的火焰线开始向起点折返。顺风火持续稳定的咆哮声交织着逆风火来势汹汹的轰鸣声，两股火不停地撞击。一些小片的林地顷刻间就消失在火焰中。狩猎团队拿上战利品，迅速穿过逆风火，跑到大火中的安全地点。他们在那里排着队等待着双层火墙相遇，到时候地面上的任何活物，都会落在他们的投掷范围之内。

这是一个最激动人心的时刻，到处都是火焰、烟雾和巨响。虽然酷热无比，但似乎没有人在意。狂欢来临之前，还有几个紧张时刻：我看着站成一排的黑人猎手。男孩们兴奋得几乎不能自已，其中有三个人肌肉发达，健壮得像猎犬一样。他们呼吸急促，不时地把身体的重心从一只脚换到另一只脚，手里快速转动着投掷棒。他们正扫视着前进的火焰，当他们的眼睛闪着亮光的时候，就是一天当中的高潮即将来临的时刻。对于他们来说，这既是体育运动，也是一场盛事，同时也是获得肉食的方式，一箭三雕。他们从中体验到一种简单而强烈的快乐，这种快乐是我们无法体会的。

这一阶段很快就结束了，我们在中午时分回到营地，等待地面冷却下来，然后开始第三个阶段，也是最后阶段。人们可能会认为这样规模的大火烧起来，沿途的所有生物恐怕都难逃一死，但事实并非如此，事后人们打扫战场的时候发现了很多新鲜的哺乳动物足迹。这是因为在广阔的野外，这种捕猎方式按部就班地代代相传。这时，有挖洞习惯的哺乳动物和爬行动物就可以躲过一劫。草地燃烧不像森林火灾那样会产生大量缓慢燃烧的物质，它只需要几个小时就结束了，然后大多数动物就可以又开始行动，去寻找新的牧场。但是多刺的植物被烧光了，洞穴的位置被暴露出来，大大方便了人类随后的挖掘活动。洞穴浅的动

约翰·怀特为托马斯·哈里奥特的《关于新发现的弗吉尼亚简明翔实报告书》（1590 年）创作的绘画作品

物很容易被抓住。

　　第三阶段一直持续到第四天……

　　因为火与燃料之间存在联系，这个过程得以重复几个世纪。鬣刺草是一种多刺植物，它必须充分向外扩散生长，才能形成连续的可燃物覆盖层。这种成熟的鬣刺草地正是猎物们的首选栖息地，也是限制火势蔓延的部分原因，因为火只能在拥有连续可燃物的地方燃烧。鬣刺草的生命周期与现有的火灾发生规律相吻合，并决定了随后发生的燃烧的规模。燃烧后新生的牧场内发生的燃烧模式会与之前大体一致。如果芬莱森把鬣刺草的生长习性与火灾规律联系起来，他就会为猎物们写一篇文章，就像米切尔把对袋鼠、草和火的观察写成了一篇文章一样。

　　关于原住民用火实践，还有很多值得描写的内容。火作为一种技术，应用如此普遍，没有火的催化作用，几乎什么都做不成。对于那些只拥有少量简单技术的社会来说，尤为如此。即使是捕鱼也需要用火，人们用船载着火，用它的亮光去吸引水里的鱼，再把捕获的鱼煮来吃或制成熏鱼。人去哪里，火就去哪里，即使人类所去之地原本对火免疫。

人为培育的火：控制可燃物

为了进一步驯服火，人们不再局限于对燃料的隐晦控制，比如不再满足于之前燃烧所取得的成果，而是采取了更加刻意的干预措施。人类对火的运用更加光明正大且更加全面，更接近于刻意培育，以便增加人类所需的动植物产量，尤其是促进物种的驯化。（工业社会已经采用了类似的技术来获取更多人类想要的野生动植物。因此，正如奥尔多·利奥波德[1] 所说："斧头、犁、奶牛、火和枪等工具的使用一度对物种多样性造成了破坏，但现在人类可以通过创造性地使用这些工具来修复这些物种的多样性。"火在其中起到催化作用。）

火的培育形式像人造环境一样丰富多样，其中，用火放牧从用火捕猎演变而来，而用火耕作则是从用火觅食逐步发展而来。在上述两种情况下，火的培育者都希望通过操纵环境，把火与燃料更紧密地联系起来。

用火放牧（或畜牧）模仿了野生动物的迁徙模式，正如牧群随着季节在天然牧场（及其燃烧）之间来回迁徙一样。火会创造出一片片错落有致的正在燃烧、未发生燃烧和已经焕发新绿的小块土地，吸引食草动物前来或驱赶它们离开。而人类有

---

[1] 奥尔多·利奥波德：美国享有国际声望的科学家和环境保护主义者，被称作美国新保护活动的"先知"和"美国新环境理论的创始者"。他同时又是一位敏锐的思想家和一位造诣极深的文学巨匠。——译者注

意的燃烧和放牧行为也能够进一步加强对这个循环的控制，被火烧过的地方长出的青饲料（"雨后长出的新鲜植物"）是其中的关键：从灰烬中生长出来的新鲜的嫩芽通常最有营养，也最美味可口；生长了一年的枯草已经没有什么营养和吸引力了，生长了两年以后，就只适合拿来烧火了。在自然条件下，燃烧地点的分布以及牧群的迁移，都依靠闪电的作用。在火猎中，人们通过蓄意放火触发食草动物的

刀与火：阿根廷里约热内卢，少年猎捕美洲鸵和骆马。选自乔治·C.马斯特斯的《我熟悉的巴塔哥尼亚人》（伦敦，1871年）

弗雷德里克·雷明顿，《草原大火》，1908 年，布面油画（弗雷德里克·雷明顿以展现草原地区生活的绘画和雕塑著称。——译者注）

本能倾向，把它们吸引到发生过燃烧的地方。在用火放牧的过程中，人们将燃烧与动物有意识的迁徙相配合。

　　类似的情形数不胜数。北美大草原上，长途跋涉的放牛人安排弗林特山区的农民在春天挑选特定的时间焚烧草原，这样等饥肠辘辘的牛群到来的时候就有新草可以吃了（枯梗上的野火对牧群没什么影响）。然而，地中海盆地常见的季节性迁移放牧场面才最壮观（同时名声也最差），这里的牧群夏季上山，冬季进山谷，牧民常常沿着迁徙的路线放火。
他们有时会顺着牧群攀爬的方向在前面放火，以促进春季牧
草的生长；但通常他们会在牧群缓慢地从山上往山谷转移时，
在身后沿途放火。因为冬天是雨季，秋天放火烧过的地方，
春天会长出青饲料。

在弗里斯兰省的荒野上割草放火（弗里斯兰省：位于荷兰北部的一个省，毗邻欧洲
最重要的湿地自然保护区瓦登海和瓦登岛。——译者注）

维吉尔 [①] 和西利乌斯·伊塔利库斯 [②] 认为牧民的纵火行为是"古代畜牧艺术"，但是由于这一做法与耕作农业的周期不同步，同时也由于火可能逃逸或被恶意利用，所以人们把牧民们惯常的放火行为视为他们与定居社会脱节的表现。他们就像森林之神萨提尔一样，生活在边缘地带，似乎对定居社会的习俗不屑一顾。不过，北美新大陆的欧洲移民沿用了这些做法，借此对墨西哥的西班牙高原进行改造，并在美国西部的内华达山脉、喀斯喀特山脉和落基山脉继续采取季节性迁移放牧的做法。在那里，他们因为不羁的行为、无节制的火焰和山谷盆地中弥漫的呛人烟雾，再次受到谴责。

火耕是人类更加精心安排的结果。如果没有火的帮助，人类几乎无法在平原以外的地方耕作（即使是在平原上，人们也常用火来烧除作物残茬）。如果说用火放牧是从用火捕猎演变而来，那么用火耕作则是对用火棒觅食的完善，两者都是火的生态应用实践。火耕围绕大火后环境的恢复周期来组织农作物的种植：大火后的第一年最适合种植，因为土壤中富含灰烬，竞争者也都被除掉了；但到了第二年，作物就需要与杂草竞争，土地肥效也会下降；再到第三年，只有通过不断锄草和经常施肥，才能阻止田地里杂草的生长。因此，火耕的周期大约为三

---

① 维吉尔：他被罗马人奉为国民诗人，被广泛认为是古罗马最伟大的诗人，乃至是世界文学史上最伟大的文学家之一。——译者注

② 西利乌斯·伊塔利库斯：古罗马政治家、演说家、诗人。——译者注

德国黑森林地区的田野大火

年。另外两种情形也很常见：第一种情形，田地固定不变，人们在田地里连续或轮流种植驯化的作物；另一种情形，人们不断地在郊外开辟新田地。也就是说，后者是田地在环境中变化，而前者是环境在田地中变化。两者之间的差异一方面与环境条件有关，另一方面则与土地所有制的政治经济学有关。

　　两者的共同之处是火焰与燃料之间的联系，或者是农学家

奥地利阿尔卑斯山区的燃烧行为

所说的休耕。欧洲历史上，大多数知识分子和政府首脑都谴责休耕，认为它是一种浪费、迷信且危险的行为，有可能引发火灾。然而，从另一个角度来看，休耕的做法很合理，并且休耕的目的不是要荒废某块田地，而是要通过燃烧让田地休养生息，增加肥力。燃烧并不是休耕带来的次要结果，而是休耕的直接目的。从生态学角度来说，要想在田地里种植作物，少不了火

芬兰人烧荒垦田把森林变成农田，G.W. 埃德隆德，1877 年

焰的助力。这样的燃烧需要足够的燃料，并且取决于是环境在田地中变化（比如轮作）还是田地在环境中变化（如烧垦），是通过种植还是通过砍伐获取燃料。一个正常的循环周期过后，土地上就会遍布燃料：或是旧的田地被荒废只用来放牧，或是砍伐出一块新田地，而砍伐下来的碎木就散落在地上。如果休耕地上的植被不足以支撑燃烧，人们会运来更多的生物燃料，

芬兰人焚烧农田，一幅创作于 1883 年的绘画作品

包括能够燃烧又能增强火势的东西，比如修剪下来的树枝、松针、干粪，甚至是干燥的海草。随着时间的推移，也许是十年，也许是半个世纪之后，森林中这块曾被遗弃的土地将再次被人们造访，经历新一轮的砍伐和燃烧。

简而言之，休耕与燃烧形成联动系统，两者只有相互结合才能发生作用。除了放火燃烧休耕地以外，人类也经常用火来烧除短而粗的作物残茬，以一种更加温和的方式使田地焕然一新。某一特定地点内燃烧的范围和节奏，也就是火的发生规律，是通过农业来呈现的。火就像羊群、土豆和甘蔗一样被人类"驯化"。

生火：为火建造栖息地

人类的另一个栖息地是房屋，或者说是房屋的集合——城镇或城市。这就涉及人为火灾的根本矛盾，因为人类最早的建筑是为了保护火源而设计的，同时也是为了保护人类不受火灾的伤害。区别在于炉火被人类驯化且能够满足人类的需要，而野火则不是。

壁炉本身不能燃烧，一场大火过后，人类通常只能通过残留下来的壁炉来判断这里曾经有一座房屋。人类的栖息地通常以炉灶为中心或焦点（从字面上看确实如此，"炉灶"在拉丁语中就是"中心"的意思），但是周围的建筑并不是为燃烧而设计的。如果它们真的烧起来了，那是因为它们的建筑材料取自于周围的环境，所以也会像环境一样受到干旱、风和火源的影响。许多建筑完全取材于森林，所以燃烧起来与森林别无二致。1666年，火焰在东风的裹挟下席卷了伦敦，就像狂风携带着大火在约克郡荒野上蔓延一样。1904年，一股冷锋穿过巴尔的摩，导致火势先是向北，再向东南方向蔓延。1910年北落基山脉发生的大火也是由气流导致的。废弃或者新生之地以及满是燃料的地方往往更容易发生自然火灾，自然之火也确实能使万物焕发新的生机。燃烧过的地方又现新绿，更加宜居。

为了保护城市免受野火侵袭，人类起初注重对火源和燃料的控制。火源很难控制，因为明火无处不在，烛火、灶火和锻造车间的锻铁炉都是明火，但是人小心谨慎，能避免明火逃逸并使它远离易燃物。夜间巡逻队也密切留意零星火源［这是宵禁的起源，中世纪英语中"covrefeu"（来自古法语）一词，就是"把火罩住"的意思］。火灾发生后，如果火势较小，人类就会把它扑灭；如果火势较大，人类就会成群结队地沿着火势蔓延的方向（男人站在梯子上用长钩）推倒建筑物或屋顶；如果火势非常大，消防人员就不会插手，等着大风或大雨来平息火势。燃料也不容易控制，因为最常见的建筑材料是木头和枝条，即使用砖石代替木头，屋顶也必须用轻质的材料来建造，这就意味着需要使用高度易燃的木瓦和茅草。这些材料根本不耐火，容易被余烬和火种点燃，因此是房屋最易燃的组成部分。

人类通常会采用应对周遭环境中火灾和其他自然灾害的方式，来应对城市火灾威胁。毕竟，这些情景经常前后发生。有些城市，比如东亚的一些城市，已经提高了防范城市火灾的意识，认识到城市里发生火灾的频率可能与洪水或地震的频率差不多。因此，它们采取了弹性策略，力求最大限度地降低伤害并迅速恢复。其他地方，比如中欧，则寻求最大限度地消灭火灾，试图使城市在火焰面前坚不可摧。这完全说得通，因为自然（或人工）环境对火具有先天免疫力，也就是说这些地方之所以会有火，完全是因为人类。观察人士注意到城镇也是如此，城镇也是由于疏忽大意、社会动荡或战争而被烧毁。既然火灾是人类的不当行为引起的，那么原则上能够通过约束人类自身的行为来消除火灾。

随着社会的发展进步，现代城市中火灾已经不常发生了。原因很简单，而且与工业化密不可分。现代城市中明火较少，且明火需要与环境相互作用，而工业化环境主要由混凝土、砖、钢和玻璃构造而成，可燃物较少。建筑设计（无论是房间还是出口）必须符合防火规范：室内材料要经过防火安全测试，配备烟雾自动探测器、喷淋装置和防火墙。由于现代交通工具的大规模使用，人工环境中建筑的分布更加分散，减少了火焰在建筑之间传播的机会。城市里遍布消防设施，有报警器、自动检测和响应系统以及设施人员齐备的消防车。火灾发生和火势蔓延的机会越来越少，不能被扑灭的火也越来越少。

一场火灾是否是重大火灾或者是否具有灾难性，判断的依据不是它的燃烧规模大小，而是它对人口及建筑物密集的地区造成的影响。

现代城市（工业城市）的燃烧，通常是战争或地震导致的。这两种情况都能造成大量火源，并削弱人类的消防能力。除此之外，还有一种情况，火灾爆发在城市核心区之外，沿着人工环境与自然环境相交接的城市远郊地带蔓延。大火冲出自然环境，闯进了另外一个领域。这里不被定义为城市，因而这里的居民不具备人类千年来积累的防火经验。这种不伦不类的环境，是火灾最常光顾的地方。

人类的用火实践范围与人类的居住范围完美重叠，人与火从不分离这一事实从未改变。炉火、休耕地、牧场、林地、村庄、猎场、新农田、自然公园，这些证明了火听从人类双手与大脑的指挥，通过塑造人类居住的环境来塑造人类。人类会充分考虑各种火灾发生的可能性来选择和打造环境，火灾类型决定了人类居住的房屋和选择的环境的类型。因此，人类的消防实践就像建筑、法律和文学一样，充分反映出一个社会的价值观、信仰和特点。从某种意义上来说，火和人就像是双生子：了解一个，就会了解另一个。

《伦敦大火》，1666 年，作者佚名

🔥 5. 名火选集

火也有名声：有的是灾难，有的是传奇，有的臭名昭著，有的魅力无边，有的英勇，有的可憎。它们的声誉取决于它们对周围人类社会的影响，与历史事件或文学艺术的关联让一场原本籍籍无名的火变得赫赫有名。火与人类生活的联系是如此密切，以至于无论想要在哪个文化层面上脱颖而出，都需经过激烈的竞争。在神话、科技以及人类各个居住地的历史中，无论是农村、城市、荒野还是自然保护区，都发生过著名的大火。

在创世故事里，人类（通过赠与、欺诈或偷窃的方式）获得火的时候通常是智人攀升到食物链顶端的时刻，因为火意味着力量。斯多葛派[1]哲学指出，反复发生的大火终结又开启了一个个历史周期。北欧神话中诸神的黄昏[2]讲述了阿萨诸神的世界崩塌燃烧，新生命和人类从它的灰烬中诞生的故事。卢克

---

[1] 斯多葛派：斯多葛派认为"世界理性"决定事物的发展变化。所谓"世界理性"，就是神性，它是世界的主宰，个人只不过是神的整体中的一分子。——译者注

[2] 诸神的黄昏：北欧神话中的末日之战，诸神的黄昏是北欧神话预言中的一连串巨大劫难，包括造成许多重要神祇死亡的大战（奥丁、托尔、弗雷、海姆达尔、火巨人、霜巨人、洛基等），引起无数自然浩劫，之后整个世界沉没在水底。然而最终世界复苏了，存活的神与两名人类重新建立了新世界。——译者注

莱修^①的史诗《物性论》（公元前 1 世纪）中讲到，比利牛斯山脉的一场大火熔化了石头，促进了冶金术的发展。欧洲海外殖民史就是从马德拉群岛上一场史诗般的大火开始的。现代科学认为恐龙灭绝表明：K–T 界线^②上发生过一次或多次外星撞击，引发了灭世大火，导致小行星的铱标记上覆盖着一层化石灰。在当代观察人士看来，人类不加节制地燃烧化石燃料，就像把地球架在火上烹煮，最终将导致物种灭绝。这种燃烧方式与人们一直以来所想象的猛烈燃烧不同，它是悄然发生的，地球仿佛正在被慢慢炭化。

以上都是神话、传说、文学和科学猜想中的名火。历史上关于火的记录数不胜数，但名扬海外的只占少数。华莱士·斯泰格纳曾经说过："任何一个地方，即使是荒野，在得到人类关注之前，都不能算作真正存在。而我们把人类关注的极致形式称为诗歌。火也是如此。"

---

① 卢克莱修：罗马共和国末期的诗人和哲学家，以哲理长诗《物性论》著称于世。——译者注

② K–T 界线：K–T 界线是介于白垩纪和第三纪之间的界线，大约出现在 6500 万年前。这段时间发生了大规模的物种灭绝，包括恐龙和其他的动物族群。——译者注

因火势闻名的大火

如果不加控制任其蔓延，火势将达到环境所能容许的上限：它们将烧遍所有能烧的地理区域。就森林大火而言，北美有史以来规模最大的一场火灾是发生在 1950 年的钦察加大火，它烧毁了约 120 万公顷的加拿大北方森林。就草原大火而言，1894 年的一场大火烧掉了约几百万英亩的美国高原埃斯塔卡多大草原。值得关注的是，这两场大火都是人为火源与有利地理条件相互作用的结果。

钦察加大火之所以有名，或许是因为它达到了森林火灾规模的上限。它的火灾规模排名就像是加拿大的国土面积排名——从某种程度来讲，它的名气标志着某些加拿大公民自诩的特别之处，尤其是其广阔的庄园和北方内陆地区。钦察加大火始于 6 月 1 日，砍伐下来的残枝败叶先开始燃烧。由于燃烧区域超出了不列颠哥伦比亚省林务局的控制线，火焰伴随着天气变化肆意蔓延，横

弗兰克·马绍于 1940 年创作的壁画：《狭长地带的牧场主用剥了皮的牛与草原大火搏斗》（细节图）。图中是拖牛的场景，一头被杀死的公牛被从火焰上拖过

扫一切，似乎也只有天气变化才能阻止它了。到了10月31日被大雪扑灭时，它已经穿过加拿大连绵不断的北方地区，在一片长椭圆形区域内辗转停留了很久。有人称这场大火烧毁林地面积达120万公顷，可能是有史以来规模最大的一场森林火灾。

但大部分火灾都发生在草原上。地理学家早就注意到，大草原往往地势平坦连绵，草原上常有大风刮过且这些风基本不会遇到任何阻碍。这让人们不禁猜测：一个地方不是因为长满了草才经常发生火灾，而是因为经常发生火灾才长满了草。草是一种蓬松易燃的燃料，火在草原上的传播速度要比在森林中快得多，它在广阔而干燥的平原上狂奔，没有什么能够阻挡它的脚步。火随着风一路高歌猛进，火势惊人。

再举几个例子。在澳大利亚昆士兰州的巴克利高原上，1974年6月到7月间的一场大火席卷了240万公顷土地。虽然规模如此之大的火灾较为罕见，但是1894年11月发生的美国埃斯塔卡多平原火灾完全可以与之媲美。一份记录显示，约30公里宽的火焰锋面冲进了牧场，持续燃烧了四天。据牛仔们说，火灾面积达到了3000平方公里。在此之前，大火已经烧毁了相当多土地，所以评论员估计总燃烧面积应该有"几百万英亩"。这一事件于1895年秋天在附近的西马隆河流域重演，不过这一次燃烧主要发生在牧场外围。这几场大火中，每场的燃烧面积几乎都和钦察加大火一样多，但燃烧的时间只有几天而非数月。尽管如此，这种火灾与其说是一种反常现象，不如说是创历史记录的意外事件。在人们修筑道路和开垦耕地之前，这种规模的火灾比较普遍，就像如今非洲某些地区一样，必须得用卫星监控取代骑马巡视的农场工人。

这些数字只能反映单场火灾所造成的影响，但是大火通常成群发生，能够引发一场大火的条件通常也能同时引发多场大火。历史上记载的单场火灾其实都是同时燃烧并融合成一体的"火群"（无论这些火是否从地面开始融合）。几乎

2003 年，一场蔓延至堪培拉的澳大利亚丛林大火。大火起源于自然保护区，一股火舌猛烈地袭击了首都，烧毁了 400 多所房屋以及位于斯特罗姆洛山的国家天文台

每个季节，草原上都会发生大规模燃烧，只燃烧一场还是燃烧数百场并没有什么实质性区别。大规模森林火灾发生的频率更高，每隔十年或二十年，加拿大的丛林中就会发生一次大规模火灾（1825年，新不伦瑞克省发生的米拉米希群火，其规模堪比钦察加大火）。横跨亚欧大陆北部和北美地区的针叶林（易燃）地带是世界上最常发生大规模火灾的地区，尽管大兴安岭火灾的规模已经很大，但黑龙江对岸的燃烧面积却有十到十五倍之多。卫星图像显示，从贝加尔湖到乌苏里山脉，火群的燃烧面积达1200万到1500万公顷，其中有些火灾发生在松树草原上。虽然草能助燃，但落叶松和干泥炭仍然是主要的燃料来源。

因为过去记录不善，加之伪造记录，关于火灾的历史记录十分匮乏。V.B.肖斯塔科维奇在1915年的记录中描绘了发生在西伯利亚西部的一场大火。西伯利亚西部是一片地势低洼的寒冷沼泽，覆盖着有机土壤，周围有成片的苏格兰松树林。这场大火燃烧了50天，烧毁了1400多万公顷土地，产生的烟团面积几乎与西欧相当。或许确实是夸张了，但很可能人们还是低估了火灾燃烧的剧烈程度。因为被烧毁的面积无法直接测量，人们只能根据不稳定的风带来的烟雾来估算火灾的强度。2010年，一场臭名昭著的烟雾笼罩了莫斯科。虽然按正常标准（3000—4000平方公里）来看，烟雾的面积很大，但是与另外一些向东蔓延的大火相比，产生这场烟雾的火的强度很小，只不过前者远离公众的视线。

再说到澳大利亚。澳洲极易发生火灾，猛烈爆发的大火就如翻滚的白浪。大火大多发生在丰水年之后，因为丰水年给内陆地区带来更多的可燃物，为接下来的干旱期火灾创造了条件。人类记录在案的第一个"怪兽年"是1974年至1975年这段时间，这是结合了国家林业机构的记录和旅行者的描述得出的结论，并随后得到陆地卫星图像的验证。据估计，这段时间内火灾面积达到1.17亿公顷（约占整个澳洲大陆的15.2%）。但这些大火并没有引起外界的强烈反响，因为规模大不代表情况严重。

对比2002至2003年这段时间，大约5400万公顷的土地被烧毁，虽然燃烧面积只有1974到1975年的一半，但包括东南部一些人口稠密的最佳定居地。丛林大火烧毁了科修斯科国家公园75%的面积，点燃了坐落于斯特罗姆洛山的国家天文台，并蔓延到了国家首都堪培拉，导致10人丧命，1200多座建筑被烧毁，21000头牲畜被烧死，造成了约4亿澳元的损失。大火将堪培拉郊区洗劫一空，浓烟笼罩了国会大厦上空，这次大火引发了国家和州层面上的一系列调查。然而，在公众眼里规模如此庞大的火灾，与澳大利亚人烟稀少地区像成群的野狗一样四处游荡、无人在意的大火相比，是微不足道的。

名火传记：殖民地火灾

当火脱离了约束时，火势会猛增并造成极大破坏，无人定居的土地的状态在砍伐活动和报复式生长的灌木丛之间来回变换。当火势超出了人类认为的理想规模后，就会被打上野蛮的烙印；当它激起人类的想象力后，就会被贴上"有名"的标签。

因此，殖民史（属于生物征服的一种形式）就是一部火灾爆发史。欧洲的冒险故事，实际上始于早期的航海大发现中发现的第一座无人岛。1419 年，葡萄牙水手抵达马德拉岛，并放了一把火，据说燃烧了 7 年之久。一场火如何能持续燃烧 7 年？我想这里说的是殖民者对原始森林进行了长达 7 年的改造。新西兰和马达加斯加也发生过类似的开荒式火灾。

其他被殖民地区的历史中也有类似的故事，特别是澳大利亚、加拿大和美国。澳大利亚用火灾发生在星期几来指代著名大火的名字：黑色星期天（1926 年）、黑色星期一（1865 年）、红色星期二（1898 年）、灰色星期三（1983 年）、黑色星期四（1851 年）、黑色星期五（1939 年）和黑色星期六（2009 年），并且不得不寻找其他的绰号（例如，黑色圣诞节，2002 年）来继续记录下去。当然，在 1788 年 1 月第一舰队抵博塔尼湾之前，当地肯定已经发生过大火了，这让人沮丧的火灾名单反映出抄写员到来并准备将以前无人注意的事情记录下来（比如在森林中默默燃烧的树），它还证明了环境会随着殖民地的变化而变化。

火焰总是沿着阿德莱德和悉尼之间的"自然火道"蔓延。将维多利亚州四分之一的面积烧毁的"黑色星期四"火灾恰逢淘金热，"红色星期二"火灾是因为维多利亚山区的垦荒行为，"灰色星期三"火灾烧毁了松树种植园和城市灌木丛，"黑色圣诞节"和"黑色星期六"则烧毁了一部分郊区和国家公园。在澳大利亚东南部特有的高温涡旋的作用下，在其他地方一闪而过的火灾被放大，干旱和大风就像气象涡轮增压器一样助长火势。

北美的生态环境与澳大利亚迥异，但在殖民和火灾历史上有着相似的经历。这里的火灾记录以 1825 年 10 月的米拉米希大火开篇：米拉米希是新不伦瑞克省的中心，大量人口在美国缅因州旅居，因此便于将同一时期加拿大和美国的历史联系起来。19 世纪的加拿大延续着垦荒和伐木活动，最臭名昭著的火灾发生在 20 世纪初：1908 年一波火焰沿着边境沿线的铁轨，从不列颠哥伦比亚省的弗尼市蔓延到了曼尼托巴省的雷尼河，再到更远的地方。接下来，从 1911 年的波丘派恩大火到 1923 年的魁北克大火，一连串的大火席卷了安大略地区新建立的定居点。在深秋的干旱时节，因垦荒而被点燃或因伐木而生并潜伏在干泥炭地里的火重获自由，吞噬了农场和城镇。而绝大部分农场和城镇本身也是用砍伐得来的木头建成的，有些一遍又一遍地燃烧，直到它们像枯竭的矿山一样消失或者这片土地上修筑起砖混建筑代替大量堆放的伐木残枝。火灾影像和记录为热衷于防火的人士提供了有用的信息。

美国的火灾分布更加广泛。最臭名昭著的火灾集中发生在五大湖区，从1869年到1918年的近50年里，人们召唤女巫的燃烧魔法，开辟农田，修建铁路。1871年10月，位于城乡接合地带约4000平方公里的土地被烧毁。一场大火吞噬了威斯康星州的伐木小镇佩什蒂戈，另一场大火则吞没了芝加

大湖区铁路，开启了美国北部森林的砍伐和垦荒运动，类似于约1881年的跨亚马孙公路

哥，芝加哥大火似乎是佩什蒂戈大火顺着刚刚砍伐下来的木材一路燃烧过来的。两场大火的火情完全一样，都是在相同的气候条件下发生的，都遭到了一股途经此地的冷气流的连环攻击。

多场火灾紧随其后爆发。1881 年的大火席卷了密歇根州的森林，这次大火中美国红十字会第一次参与民间救灾事业。1894 年的大火将明尼苏达州的欣克利夷为平地，夺走了 400 多条生命。1918 年，明尼苏达州的克洛奎特发生大火，造成

五大湖区也发生了类似于安大略省在 1911 年到 1923 年期间经历的一系列火灾。将波丘派恩夷为平地的大火排在榜首，但其标志性的图片是伪造的，烟雾和火焰都是画在玻璃底片上的

西部大火，《哈珀周刊》（1871 年 12 月 2 日）

453 人死亡。系列大火此起彼伏，直到燃烧木材和煤炭的机车不再喷出火星，开荒者不再焚烧林地造田，国家机构拥有执法能力并能调遣消防部队。这些火灾再一次发挥了文化层面上的影响力，有关它们的报道见诸报端，引发人们关于出台保护方案和设立公共用地的辩论，希望通过这些举措杜绝致命大火的发生。

殖民之火几乎没有平息过。近年来，发展中国家中的过度燃烧行为与发达国家的去殖民化之火相叠加。殖民地火灾在巴西的亚马孙地区和印度尼西亚的加里曼丹岛尤其"臭名昭著"，大火破坏了生物多样性，消耗了大量有机土壤，并喷涌出令人厌烦的浓烟，人们委婉地把这种对健康造成威胁的浓烟（颇有讽刺意味地）称为"霾"。1988 年，亚马孙森林大火引起了全球轰动，全球媒体将它们与美国黄石国家公园的大火联系起来。加里曼丹的大火（尤其是发生在东加里曼丹的大火）之所以出名，是因为它们与厄尔尼诺南方涛动气候现象的联系，这种气候现象对澳大利亚和美洲具有重要意义。1982 年至 1983 年期间，大量森林遭到砍伐，无数泥炭地被排干水分，总面积估计达到 350 万公顷，人类在热带雨林中制造了一个巨大的烟洞。1997 年至 1998 年期间，加里曼丹的燃烧面积达 520 万公顷。这两个地区的殖民运动都在持续进行着，随着干旱、全球化和迁移人口的政治利益变动起伏。在 21 世纪初，全球约有四分之一的碳排放来自加里曼丹。2010 年，巴西大火让亚马孙盆地被呛人的浓烟所笼罩。评论员们预测道，这两个地区的燃烧都将持续下去，直到火焰前缘顺其自然地停下来，也就是直到再没有什么东西可以燃烧了。

与此同时，在许多历史悠久的农耕地区，随着农村人口向城市迁移，一个反向趋势正在形成。曾经被园艺、放牧、拾柴等集约型农业行为和常规小火灾束缚的燃烧，已经摆脱了它以往的束缚。大批野火肆虐令人畏惧，在地中海北部地区尤为如此。而在热带地区，火灾爆发的情形恰好相反：火灾不是单一事件，而是持续多年的慢性耗损。对于一些突然摆脱专制统治转型为现代社会的国家来说，这种冲击尤为强烈。葡萄牙就是一个典型代表，西班牙西北部的加利西亚、法国南部的普罗旺斯和希腊的大部分地区都经历过火灾浪潮。有些地区几千年的历史中只发生过温和的火灾，现在却要面对沸腾的火焰。这些火灾不像是瘟疫，更像是一种退行性疾病。它们既没有英勇的气概，也无法融合成波澜壮阔的民族史诗。

人们不断开辟新的定居地，逐渐离开原有的定居地。被迫迁移到新土地上，原定居地资源枯竭、人口减少，转变为杂草丛生之地——这些与其说是国家进步的象征，不如说是国家窘迫的标志。全球媒体，而非国家媒体，让火灾"恶名昭彰"。这些火灾不是文化创造，而是不断演变的全球环境破坏事件。真正令人感兴趣的可能不在于火灾发生的环境，而在于火灾故事的背景。

发达国家火灾纪实的重点也普遍发生了转移，特别着眼于其最为重视的两类环境：一类是自然保护区，即人们刻意保留下来的、未经殖民之火摧残的乡村，但这种做法反而导致了另外一些火灾的发生；另一类环境则是城市和难以驾驭的城市边缘地带。

荒原大火

对于发达国家来说，这些新（或半新半旧的）环境已经成为远近闻名的火灾发生地。公园和保护区实际上是荒野且常常位于容易发生火灾的环境中，所以这些地方频繁发生火灾并受到媒体的关注，但只有少数火灾会被列入名录。它们之所以出名，是因为发生在有名的地方，或者推动了火灾管理方面的改革，也就是说，让人们意识到了环境的重要性。

这里我们不得不提到以荒原大火著称的四大国家——俄罗斯、加拿大、澳大利亚和美国，这四个国家拥有大面积保留地和相似的殖民历史。殖民期间，土著被以各种各样的方式驱逐，大片无人居住的土地收归国家管理。这些土地有些变成了公园，而绝大部分变成了受国家监管的森林。此外，这四个国家都得应对火灾，当一些火灾超出其控制范围时，这类失败案例会启发后续的消防政策和实践。就这样，这四个国家中的每一个都经历过"臭名昭著"的大型火灾。除了被烧毁的保留地和笼罩几乎整片大陆的浓烟以外，这些大火还产生了更加深远的意义。

人们对俄罗斯的火灾所知甚少。1921年发生在伏尔加河地区的火灾，伴随着干旱、饥荒和内战，促成了一些变革。但最重要的火灾要数1972年包围莫斯科的大火，它让整个莫斯科都处于浓烟笼罩之下。为应对此次火灾，勃列日涅夫政权对国家消防系统进行了全面改革，包括创建防火标识（一头麋鹿）、对科学研究的重大投资以及正式（可惜无法强制执行）禁止露天焚烧等措施。

相比之下，澳大利亚在火灾和政治改革之间取得了平衡。1939年，"黑色星期五"火灾的发生促使澳大利亚成立了以莱纳德·斯特雷顿为首的皇家委员会。该委员会的决策虽因二战暂时推迟，仍促使澳大利亚制定了以控制燃烧为手段的森林防火策略。1961年西澳大利亚德韦灵阿普火灾发生后，第二个皇家委员会成立并确认了上一届委员会的方案。然而，随后发生的火灾对消防策略的制定并没有起到决定性作用，而是引发了澳大利亚人关于如何管理丛林的广泛讨论。不管是否发生丛林大火，这些讨论都一如既往的激烈。澳大利亚人对森林防火政策的争论是建立在普遍的价值观和文化愿望之上的，而不仅仅是对火灾的反应。2003年一场大火席卷了堪培拉，引起了澳大利亚政界的关注，并引发了一场皇家委员会级别的事后调查。2009年2月发生的"黑色星期六"火灾，促成了皇家委员会的再次成立。

　　加拿大的情况则完全不同。加拿大是联邦制国家，这一政治特征使得火灾很难在省级范围之外产生更大的影响。1930年自治领将西部的皇室土地划分给各省后，这一趋势进一步加剧了。因此，全国火灾预防与管理的改革并非是由个别火灾引发的结果，而是由多年来席卷多个省份的一系列火灾促成的。

"黑色星期五"大火，1939 年

1908 年至 1923 年连续发生的火灾引起了公众关注，但直到 1979 年至 1981 年一波势不可挡的野火席卷了加拿大后，火灾才真正上升到国家议程。经过长期谈判，加拿大成立了跨部门森林消防中心，以协助各机构在重大火灾发生时共享资源，并与美国签订互助条约，以便得到跨境协助；否则，即使是导致人员死亡和疏散的火灾，如 2003 年不列颠哥伦比亚省的"火焰风暴"，也只能由一个省孤军奋战。

美国的 1910 年大火以 8 月 20 日至 21 日充满传奇色彩的大爆发告终，这次事件为美国野火管理奠定了基础。仅仅就北落基山脉而言，这场大火就烧毁了约 130 万公顷的土地，造成 78 名消防队员丧生，使刚刚起步的美国国家森林局负债累累，成为第四任森林局主管的伤痛。森林局决心反击。在 1968 年至 1978 年改革之前，灭火一直是森林局的核心政策和指导方针。此次大火所造成的深远影响，唯有 1988 年和 1994 年的火灾联合起来才可以与之媲美：1988 年的火灾因导致黄石国家公园内的大面积燃烧而闻名，而 1994 年火灾之所以有名，是因为南峡谷大火使 15 名消防员丧生，美国因此通过了第一个 10 亿美元消防法案以及各机构公开承认无法充分遏制火势。

真正引起公众广泛关注的不是火灾的规模，而是其文化影响。黄石公园火灾事件之所以吸引了众多关注，是因为黄石国家公园是一个著名景点。这些火灾虽然并没有改变消防政策，但却让很多观察人士相信火在自然公园中拥有合法位置，从而向公众宣传了一场思想革命。1994年的火灾之所以引起关注，是因为三年前诺曼·麦克莱恩出版了畅销书《青年与火》。麦克莱恩的书是对1949年曼恩峡谷大火的深思，但它似乎无比精准地预示了南峡谷火灾事件，并使发生在偏远峡

尼科尔森坑道，1910年8月20日至21日大火的焦点。当外面大火肆虐时，护林员埃德·普拉斯基和他的队友正处在死亡的威胁之下

谷中原本不起眼的火灾事件上升到国民意识。火的意义不在于它本身，而是在于它与持续发展的社会的联结。

黄石国家公园大火具有启迪意义。其他国家公园也采用了类似的管理理念，通过"自然调节"让火在国家公园里找到自己的位置。它们"复刻"了黄石国家公园大火：1996年，南非克鲁格国家公园大火烧毁了公园四分之一的面积；2003年，澳大利亚科修斯科山火烧毁了四分之三的山区

黄石国家公园大火，1988年

面积。虽然对于黄石国家公园来说，这种模仿似乎是最诚挚的赞美，但"自然调节"并不是一种具有普遍吸引力的管理模式，也没有在其他国家得到借鉴。

城市火灾

城市火灾与社会的联系是一个显而易见的事实：城市是人们居住的建筑环境。城市火灾有时和乡村火灾一样频繁（且默默无闻）。究竟什么因素能让一些火灾令人难忘？答案是纯粹的物理破坏之外的有力冲击。那些有名的火大多发生在国家首都，被知名文学家记录下来，这些灾难史与帝国的变迁同步。至少，这适用于西方文明。用贝克莱主教[1]的话来说：一场大火已经向西进发了。

---

[1] 贝克莱主教：18世纪英国哲学家。——译者注

休伯特·罗伯特，《罗马大火》，公元 64 年 7 月 18 日，布面油画

1906 年的旧金山大火，这座城市几乎全部用木头建成，宛如一片重新复原的森林，也像森林一样毁于大火。请注意上图中的大型对流柱

　　火灾名录始于公元 64 年发生的罗马大火。这场大火之所以出名有如下几个原因：世人推测尼禄①对火情漠不关心；因怀疑基督徒纵火而对其进行严厉谴责；火灾后罗马城的重建。多名大历史学家都对罗马大火进行了记录，其中塔西佗②

---

① 尼禄：罗马帝国朱里亚·克劳狄王朝最后一任皇帝。——译者注
② 塔西佗：古代罗马最伟大的历史学家，他继承并发展了李维的史学传统和成就，在罗马史学上的地位犹如修昔底德在希腊史学上的地位。——译者注

（56—117 年）的版本被认定为标准版本。对火灾的起因和破坏程度，众说纷纭，但它最有可能是一场偶然事故（也有传闻说尼禄想要重建罗马城，所以秘密指使了这场火灾），大火在五天半的时间里，吞噬了大部分城区。然而，它并没有引起更多的关注，这也许可以证明：在不是用石头建造的城区内，火灾经常发生。

　　1666 年的伦敦大火发生在大瘟疫暴发后的第二年，焚毁了筑有围墙的伦敦市中心，据报道，它吞噬了伦敦城中的 7 万座房屋和其中居住的 8 万名市民。9 月 2 日，大火从一家面包店开始烧起，在干燥的东风的驱使下一直燃烧到 9 月 5 日，直到风速放缓再加上有效的消防措施才阻止了火势的蔓延。约翰·伊夫林[①] 和塞缪尔·佩皮斯[②] 的日记（连同大幅报道）成为了这场著名大火的永久记录。这场大火也是画家最喜欢的主题，重建后的城市，包括交通要道和圣保罗大教堂等，成为了建筑遗产，也是伦敦进入现代社会的标志——所有这些都使这场火灾成为了永久的文化记忆。至少在以英语为母语的国家，伦敦大火是历史上的里程碑，人们把它与后来发生的火灾作比较。人们也常常拿这场大火开玩笑，比如，据称大火中烧毁的教堂数量和酒馆数量一样多。

接下来被烧毁的帝国首都可能是 1812 年遭到拿破仑入侵的莫斯科。大火从 9 月 14 日法国军队进入莫斯科时开始燃起，一直持续到 18 日，那时大约四分之三的城市已经化为灰烬。像往常一样，人们对火灾的起因莫衷一是，可能是偶然事故也可能是故意纵火。莫斯科是一座用木材建造的城市，木材来自

[①] 约翰·伊夫林：英国作家，英国皇家学会的创始人之一，曾撰写过有关美术、林学、宗教的著作三十余部。伊夫林是塞缪尔·佩皮斯的朋友，他花了大量时间研究文学、艺术、政治。——译者注

[②] 塞缪尔·佩皮斯：17 世纪英国作家和政治家，毕业于剑桥大学，是著名的《佩皮斯日记》的作者，其日记包括对伦敦大火和大瘟疫等的详细描述，成为 17 世纪最丰富的生活文献。——译者注

1906 年 4 月 18 日，旧金山，目瞪口呆的市民注视着逐渐逼近的大火

森林，城市也像森林一样发生燃烧。莫斯科人的消防能力因与法国人作战而被削弱。

但是，焦土政策是俄罗斯一贯的军事策略，只不过以前是燃烧土地，现在变成燃烧建筑物了。风起时，四处散落的火苗也随风飞扬，然后结合成一场大火。这场灾难把拿破仑赶出了莫斯科城，使他陷入节节败退的境地。就这样，这场大火进入了官方记录和个人日记，后来又被列夫·托尔斯泰写进其伟大的作品《战争与和平》。据说拿破仑惊呼俄国人是真正的斯基泰人[①]，用草原上的牧民放火烧毁草原从而建起防线的经典做法暗讽俄罗斯人的行为。这种做法经久不衰，1941 年纳粹入侵苏联时，人们用它粉碎了纳粹的巴巴罗萨行动[②]，它甚至被编入了俄罗斯林业教科书。

西方殖民者（及其效仿者）通过殖民侵略建立了许多新城市，这导致了一系列著名火灾事件的发生。有些甚至产生了超出烧毁和重建范畴的深远意义，比如 1871 年芝加哥大火之后，芝加哥市的重建就孕育了现代主义建筑。其他火灾就像风暴一样来了又走，走了又来，但有两场火灾引起了人们的特别关注——1906 年的旧金山大火和 1923 年的东京大火。这两起火灾的起因不是战争，而是地震，据估计震级达到了里氏 7.9 级。城市先是被大地震夷为平地，又被随之而来的大火付之一炬。

旧金山和东京的城市建筑最初都是由木头构造，都曾多次

---

① 斯基泰人：公元前 8 世纪到公元前 3 世纪位于中亚和南俄草原上的游牧民族。——译者注

② 巴巴罗萨行动：第二次世界大战中德国对苏联的侵略战争计划。——译者注

遭受可怕的火灾，但这一次原生灾害摧毁了应对日常火灾的设施。震动造成了无数火源，油灯和炉膛中的火焰溢出；消防系统因水管破裂崩溃，交通被中断，大量火灾被点燃；地震破坏了社会秩序，导致城市无法正常运转。

旧金山的灾难始于4月18日，大火燃烧了3天。灾难过后，80%的城市变成废墟，其中90%的损失是火灾造成的，死亡人数可能超过3000人。不恰当地使用炸药和愚蠢的戒严令加剧了灾害的后果。自此之后，旧金山再也没能恢复它昔日的重要地位。尽管人们努力淡化这场灾难，但由于这座城市是地区文化中心，地震和火灾的故事不仅被人们口口相传，也进入了科学领域，成为了新兴的地震学的学科典型案例。东京因长期遭受火灾，已经积累了丰富的重建经验，但1923年的火灾堪称灾难性的。一场大地震，一场强劲的离岸台风助长了火势，一座本来就易燃的城市在三种因素叠加之后，城市对火灾的响应能力已经被粉碎。地震和大火一起摧毁了该地区，死亡人数估计在10万至14万之间。

与地震相对应的非自然灾害是战争。第二次世界大战中，火力武器再次被使用（并将燃烧和爆炸相结合），因此战争在哪里打响，战火就在哪里肆虐，留下一片狼藉。伦敦闪电战虽然著名，但与盟军对德国和日本城市的轰炸相比，它的影响就相形见绌了。大部分破坏都是火灾造成的，因为爆炸只发生一次，而火灾却能不断扩散。德国汉堡和德累斯顿的大火恶名昭彰，至今仍引发了公众关于全面战争中道德观念的争议。东京、神户和大阪的火灾虽然更具破坏性，但远不如广岛和长崎的原子弹爆炸（和大火）关注度高。如果说火

关东大火的两个视角（横滨），1923 年

是老兵，那么冲击波和辐射就是新兵，其新鲜性使它们更加可怕。

名火：野火衬托出加利福尼亚州洛杉矶的格里菲斯公园的景色，2007 年 5 月 8 日

工业时代新建或重建的城市不容易着火，这些城市使用的可燃建筑材料较少，并且防火、阻燃或灭火技术丰富，因此火势不容易蔓延。但有两种趋势与这一进程相抗衡：第一种趋势是城市扩张到毗邻可燃环境的远郊；第二种趋势是农村人口减少，人群涌入人口本就稠密的城市中心，城市的面积不断扩大。在这两种趋势的影响下，火势都从城市外缘向中心蔓延。

郊区火灾已经成为媒体报道的主要内容，特别是当它们发生在大都市或像洛杉矶这样被媒体关注的城市附近时。1993年、2003年和2007年，三场大火分别席卷马里布、洛杉矶、圣巴巴拉和圣地亚哥，三场大火都出名了，几乎可以媲美奥斯卡金像奖这样一年一度的盛典。1991年发生在加利福尼亚州奥克兰市的火灾最具灾难性，它造成25人死亡并烧毁了奥克兰山的大片土地。这种现象不仅存在于加州的郊区，处在类似地中海气候影响下的每一个工业社会都饱受远郊火灾之苦。悉尼、墨尔本、开普敦和法国普罗旺斯的郊区都发生过类似的火灾，这些地方都有着相似的热力学条件。加州大火之所以显得特别，是因为人们通过电视荧屏看到了好莱坞山上升起的浓烟柱和如雪崩般翻滚的火焰。

与房屋林立的城郊形成对比的是人去屋空的乡村，乡村被本地灌木、杂草或野化的人工林所占据。这一场景在欧洲地中海地区最为明显，公众已经见证过了一些壮观场面，比如帕特农神庙在火光中若隐若现，葡萄牙的科英布拉小镇和周边每一块未被开垦的土地都被烧毁。虽然这些火灾都没能像 1666 年的伦敦城市大火那样获得独一无二的历史地位，但这类火灾很有可能会获得相似的名气。

第三部分

火与文化

就像我们自己一样……他们只能看到自己的影子，或者彼此的影子，也就是火在洞穴对面的墙壁上投射的影子。

柏拉图《理想国》（公元前 380 年）

火人节

此仪式在美国内华达州的沙漠上举行。看似是在庆祝火（庆祝无政府主义的愿望），但是仪式禁止使用篝火和私人自制提基火把和个人艺术作品只能在经许可的平台上燃烧。火器和烟花都被禁止使用。自相矛盾之处在于：火人节表明的不是火的燃烧自由，而是对火的强烈控制（提基：波利尼西亚神话中人类的始祖，常见木或石刻的提基像和提基像做的护身符。——译者注）

🔥 6. 火之研究与火之创造

从神学到科学

火在古代人类社会中发挥着重要作用，也拥有着非比寻常的地位。它既是远古诸神之一，也是神明最古老的永生之道，同时也是众神蓄积的宝贵神力。火的神力非凡，无论是否被奉为神明，它都拥有改造自然的能力，并且能够增进人类对自然的理解。

火作用于荒野和人类住所之力，也能以同样的方式作用于知识。加斯东·巴什拉[①]认为："火是思想、象征、主题和工具。它可以像改造金属或黏土一样重塑思想。如果有必要，火也可以起到解释说明的作用。火是一种最根本的辩证方法，火能够将世界拆解，再把它重新融合。神明借助火显灵，人类讲述火的神话，用火探索哲学，并发展出一门脱胎于火的科学，正是这门科学最终摧毁了火的一切神秘特质。"所以，在法国哲学家加斯东·巴什拉看来"火是一种独特的现象，它可以解释任何事情"，甚至可以"自相矛盾"。

火神阿耆尼和水神因陀罗在印度教中地位尊崇。赫斯提

[①] 加斯东·巴什拉：物理化学家、哲学家和诗人。——译者注

亚^① 和维斯塔^② 则分别是希腊和罗马神话中的灶神，她们都是距今久远的古神。在诸神之中，只有维斯塔神殿的形状独一无二，像篝火一样呈圆形，而不是呈方形。旧神修特库特利是墨西哥被征服前存在的最古老的神灵。耶和华是希伯来人的唯一神，他曾在西奈山上燃烧荆棘宣告契约的订立。

火在世俗哲学中也享有同

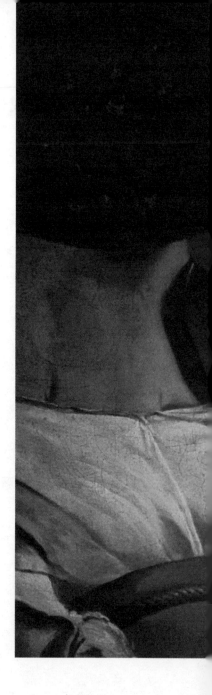

① 赫斯提亚：古希腊神话中的灶神、炉之女神和火焰女神，奥林匹斯十二主神之一。——译者注

② 维斯塔：罗马神话中的炉灶、家庭女神，罗马十二主神之一。对应希腊神话中的赫斯提亚。在她的神庙中燃烧着永远不能熄灭的神圣之火，并且有六位处女祭司，轮流守卫，以保护火焰不熄。传说只要维斯塔的火焰不熄灭，罗马就能够保持风调雨顺。——译者注

乔治·德·拉·图尔，《忏悔的抹大拉玛利亚》的细节图，约 1640 年，布面油画

等地位。在恩培多克勒[①]看来，火是四种元素之一，也是世界诞生的核心物质。而赫拉克利特则认为火具有启发性，是万物的本原。这一变化从本质上阐明了世界的特点，即"以万物换火，以火换万物"。毕达哥拉斯认为驱使自然有序运行的正是一把"中心之火"。柏拉图把火当做其洞穴寓言中必要（尽管不一定可靠）的光源。亚里士多德的学生泰奥弗拉斯托斯写了一本关于火的专著，他在书中写道："在所有元素物质中，火拥有着最为特别的力量"，因为只有火可以自生。文艺复兴早期的亚里士多德学派学者认为，从一块燃烧的木头上就能窥见自然界的运行规律。这对应着中国古代哲学家提出的五行学说，其中木是火的燃料。炼金术士把火当做认知的手段，也就是说，哲学家离不开火。

但火受到的束缚越来越多，它被分解细化并融入琐碎的日常生活中。火被人们当成一种能够起到解释作用的通用催化剂，它变得平庸，威力也减弱。火无处不在，但又毫无特别之处，到最后火已不再是"因"，只作为其他过程的"果"而存在。文艺复兴时期，约翰·邓恩发现了这一趋势，他写道：

新哲学怀疑一切，

[①] 恩培多克勒：希腊哲学家，生于西西里岛。他认为万物皆由火、气、水、土4种元素构成，在相互对立的两个本原——爱和憎的作用下，元素相互结合或分离。据说他为了让人相信自己是神，跳进了埃特纳火山的火山口。——译者注

火元素彻底熄灭。

不过，就像富兰克林炉花了很长时间才取代灶火一样，人类发明火的替代品需要时间，自然哲学家驯服火也需要时间。

在接下来的一个世纪里，火从主导地位沦为附属地位。工业化改变了前人留下的"火景观"，启蒙运动也影响了一脉相承的有关火的认知。启蒙运动初期，自然界中还到处可见火的身影：火为地球提供能量；太阳的烈焰给天空带去光明；闪电在空中闪烁；野火在田野和森林中游荡；熔炉和灶台不仅被用于烹饪食物，也被用于冶炼矿石和焚烧木材。到了启蒙运动末期，人类已经从技术和智力上完成了对火的解构。氧元素的发现对火（或其概念的化身，如燃素）产生了毁灭性的打击，人们认为火不过是快速氧化的结果，火成为了化学的分支学科。1824 年，法国工程师萨迪·卡诺对蒸汽机做出了开创性的阐释，使得火的力量即火的热量，成为一门热力学实践课程。火在思想上的独特地位逐渐瓦解，与此同时，人们也开始谴责火并致力于把它从自然景观中抹去。拥有火力驱动的机器是工业化的根本特征，而让火从田野里消失是现代农业或"理性农业"的典型特征。煤转化成蒸汽，使火从农民、牧民和工匠的手中进入机械工程领域。

1860 年，英国物理学家迈克尔·法拉第以蜡烛为模型，向大众讲解现代科学。蜡烛的火焰浓缩了物理学、化学、生理学和科学的哲学原理，它曾是火的象征，现在却只能被用来说明原理。蜡烛非常实用，人人都知道它，它也阐明了很多基本原理。火焰不再象征神谕，而成了实验演示。柏拉图寓言世界中的洞穴已经塌缩成一根忽明忽暗的蜡烛。一个世纪以后，蜡烛就会被电灯取代，从日常生活中消失，就像物理学的研究课题已经从木材燃烧转向了原子一样。火已经沦为了多个学科的附庸。

只有林学仍然密切关注着火，这是因为在不断扩张的欧洲帝国主义国家中，国家林务员被赋予管理保留地的权利。这些林务员认为火挑战了他们的权威，也威胁着国家保护区。他们既着迷于火，又害怕火；他们想要了解火，从而消灭火。

在欧洲，林学附属于农学而存在，林务员认为火不该存在于农牧业中，他们把除掉火当做自己的本职工作。伯恩哈德·费尔诺（1851—1923 年）出生在普鲁士，后来移居美国，成为美国第一位职业林务员。他曾因公开谴责美国的火灾而出名，他把火灾称为"坏习惯和道德沦丧的表现"。林务员们认为火灾是由社会失序引发的，就好比儿童在获得免疫力和长大成人之前会生病一样，年轻的国家也难免会经历一系列火灾事件。火生态学的创始人弗雷德里克·克莱门茨（1874—1945年）认为，火在植物生长达到稳定的峰值前中断了其"自然"发展进程，人类可以通过精心筹划来干预自然，比如通过捕杀狼群来提高麋鹿的数量，将蜿蜒的河流取直来促进商业的发展或者消灭天花。自由燃烧的火不再是荒野的专属，房屋和城市中也同样出现它的踪迹。简而言之，人们关注火的唯一目的就是从根本上消灭火，并利

启蒙运动揭示牛顿力学和看不见的火产生的人造光。英格兰德比郡的约瑟夫·赖特，《哲学家用一盏灯代替太阳，正在做一场关于太阳系的演讲》，1766年，布面油画

用火发展应用技术，而不是出于求知欲或解释地球运行的基本原理，这进一步限制了火的研究。

20 世纪对专业知识的需求不断增加，负责管理保留地的政府机构更需要专业知识。国家出资管理公有土地，目的是解决一些迫在眉睫的问题，而其中绝大多数问题都与消防有关，这就需要建立物理模型来解释和预测火灾行为。20 世纪后半

挑战：用严谨的科学来研究最不严谨的现象。加利福尼亚州南部的威尔逊山天文台和野火，1924 年

叶时，俄罗斯、加拿大、美国都建立了火灾实验室，澳大利亚也曾建立过火灾实验室。

欧洲各地为解决地区性问题建设了一系列设施。这是因为在葡萄牙发生的大范围火灾、法国地中海地区的生态问题以及瑞典北部的生态多样性问题引发了人们对公共安全的担忧。为了研究全球变化（尤其是燃烧排放对大气的影响），德国的马克斯·普朗克研究所等多家实验室相继成立。随着美国火灾科学联合计划、澳大利亚山火联合研究中心和欧盟火灾计划的

燃烧试验台，森林火灾研究中心，葡萄牙，2008 年

米苏拉火灾实验室，如今下辖于美国林务局，迄今为止它仍然是最好的野火研究机构

开展，越来越多的新机构开始赞助火灾研究。

　　处于种族隔离时期的南非，也设立了一个研究火灾生态和管理荒野、稀树草原和自然公园内火灾的项目。南非的火灾生态实验在学术上另辟蹊径，没有像其他实验一样根据火行为来定义火灾科学。

一项在西伯利亚叶尼塞河沿岸进行的国际野外实验。J. G. 戈达默尔，博尔岛火实验，1993 年

　　这一时期研究的重点不在于反映火在地球上的固有存在或其学术魅力，而在于反映火灾科学偶然成为消防辅助手段的过程。"一切都与火有关"，火的生态学研究、管理和社会影响都源自火行为。人们把火行为当作了解火的关键，而不是火周边环境（主要是生物环境）的综合产物或结果。火行为提供了一个基本原则，其他与火相关的知识都建立在这个基本原则之上。与极为漫长的宏观火历史相比，近年来短暂的微观火历史反而占了上风，这在很大程度上反映出人类对火的想象以及社会对火的响应。

　　火曾逐渐从发达国家的田野、荒原和城市中消失，这被视为发展中国家现代化的指标。有关火的研究也被牢牢地控制在众多学科的知识"防火墙"之内。然后，看似不可能的事情出人意料地发生了：火回归了。

　　火之所以能够回归，简单来说，是因为它从未真正地离开过。工业社会只是把它隐藏起来，就像林务员们谴责森林火灾并尽力扑灭它一样，知识分子也蔑视火在地球上存在的普遍性。在欠发达国家中，火就像植物的季节性生长和春季的洪水泛滥一样普遍；在快速发展的国家中，火正大展身手，自由燃烧的火焰和工业火焰汇合成一场蔓延式的燃烧；发达国家本以为自己已经对火免疫，但火还是在保留地的荒野上蔓延开来，并疯狂地侵扰着邻近的远郊乡村。随着21世纪的到来，突然爆发的火就像糟糕的电视真人秀节目一样反复出现。

林冠火国际模拟实验，在加拿大西北地区普罗维登斯堡附近进行的一系列大型林冠火野外模拟实验

　　火的回归如同旧剧重新上演，恰逢人们重新燃起对火灾管理和研究的兴趣。火在荒野中再次现身，不过这一次人们不再扑灭它，而是想要管理甚至恢复它。在进步思想家看来，火不是土地管理的工具，而是一种不可替代的生态过程。生态学已经摒弃了僵化的生态演替发展模式，而采取了多元方法。1988

年夏季肆虐黄石国家公园的大火向公众传达了亚马孙河流域因垦荒而产生的呛人浓烟的负面影响。对火的研究已经从传统领域扩展到了大气科学和全球变化科学等其他领域。

火灾是实现生态系统完整性的重要过程，也是林业等学科的传统课题。火被迫进入研究人员的视野和一些领域，虽然对于这些领域来说火曾是遥不可及的存在。越来越多的学科开始关注用火和灭火的难题。发达国家中，火灾波及的范围不断扩大，与火相关的科学出版物的数量也随之增加。火重新确立了自身在自然景观中的地位，恢复了它对生物群落的作用，同样也找回了学术影响力。虽然现在没有任何一门学科专门研究火，但火仍然为许多学科的发展提供助力。

高温技术

高温技术的历史主要讲述了人类如何从自然界中得到火并将其加以运用的过程。火的常规用途指的是用灶台、火炉、烤箱和机器中的火来加热石头、木头、金属、沙子或液体。人类通过操控火来照明并驱动汽车。火支撑着工业化学，并为绝大多数的人类活动提供能量。日常生活中火的使用范围缩小至仅具有象征性意义的蜡烛，然后升华为电动机或现代社会中随处可见的消防设施和消防车。

与此同时，高温技术也被理解为一种生物技术，人类可以运用生物技术捕获和驯化物种并让其他生物为人类服务。无论如何，人类都是通过控制火所在的环境来控制火，从而得到想要的结果。在高温力学中，这意味着制造一个燃烧室，将精炼的燃料和空气送入燃烧室中使其产生火花。在高温生物学中，这意味着将自然景观布置成一块块可燃物，然后在合适的时间，以合适的方式将其点燃。在这种情况下，火保留了大部分自然特性，但就像驯养的羊或狗一样，火已经在驯化过程中进化出了更具野性的、更无常的特性。对于自然界中的火，情况完全不同，因为人类无法完全控制风、太阳和有机燃料，即使是所谓"温驯"的火也可以变得狂暴或凶猛。

古人不仅承认火的力量，也包容火的存在。古人生活在火附近，并在日常生活中一直照看着火，了解它重塑和爆发的威力。西塞罗在《论神性》（公元前 45 年）一书中写道："我们种玉米、植树，通过灌溉让土壤更加肥沃。我们在河上筑坝，并引导河水的流向。简而言之，我们试图通过双手在自然界中创造出'第二自然'。"老普林尼在公元 1 世纪就曾注意到这种"第二自然"对火的依赖。通过调查人类如何利用技术来"仿造"自然，我们发现了一个惊人的事实，那就是"人类的每一个活动都需要火"。

火将炉膛里的沙子熔炼成玻璃、银、朱砂、铅、某种颜料或者药物。矿物在火中分解生成铜；铁在火

中生成，又在火中屈服；金在火中净化；石头在火中

煅烧，然后被砌成屋墙……

人们不禁会得出这样的结论：火的技术史反映了其思想史。随着时间的推移，火被渐渐地从土地和房屋中转移到了专门为它建造的燃烧室里，野火被困在容器里，就像汹涌的河流从水龙头中流出一样。火被分解成基本组成部分，而人类运用技巧逐步控制着火的原料和产出。火被提纯净化，这样它的力量就不再表现为光和热，而是被传递给由齿轮和电线组成的机械设备。

这就是工业和城市社会中的高温技术。"机械火"，就像锤子或蒸汽驱动的打桩机一样，是通过机械手段被改造成工具的火。火在学术层面上被归属于某些学科，其本身也被安置在人造的狭小空间中。在这种情况下，火既具有普遍性又具有特殊性，它几乎出现在技术发展的每一个环节，却又失去了自己独特的存在意义。人类虽然借助火的力量，但掩盖这力量的来源，以至于人们不再以为割草机或混合动力汽车的动力来源与火有关。壁炉被取代，人们对火的认知仅限于屏幕上的虚拟影像。

但这些都是近年来发生的事情。如果如神话所述，火焰最初在整个自然界中自由蔓延，那么人类的"第二自然"让火又一次大面积蔓延，只不过这一次考虑得更加周全，筹划得更加

精心。人类利用火把石头、木头、水甚至空气等平常的物质变成有用的商品。最后，人类参与这个过程，并把火变成"第二自然"。

历史上所有大规模的采矿作业都依赖火。火能让岩石崩裂，把石灰石烧成水泥，把沙子熔化成玻璃，从矿石中提取铜、铅、银、铁和锡。火可以再次把这些材料熔化，以便把它们锻造、浇铸成工具、容器、硬币或珠宝。火也参与炸药、电钻和挖土机的制作过程。没有火，采矿只能靠挖掘，矿石也只是岩石。

木材极易燃烧，所以用火加工木材更需要注意方法和技巧的运用，主要通过控制空气流动，防止热解升级为氧化。这也是木材加工成木炭的技术原理，把木头堆成合适的形状（通常堆成蜂窝状），再用泥土覆盖，只在顶部和底部留下小型的通风口，让木材在极少的氧气中燃烧。这个过程中，木材中的挥发性物质释放，生成木炭。木炭燃烧时不会产生明亮的火焰，只会发出微弱而柔和的光，因此更适合用来维持稳定的温度。人们还可以采用更加复杂的工序，将木炭作为化学原料，比如采用类似的工艺（可以代替在树上切口）从焦黑的树干和松木屑中提取焦油，再把它们转化成合成松脂制品，如沥青、松节油和松香。

火在军事方面不仅仅作出了间接贡献，比如提供铸剑用的金属材料和填补船身缝隙的焦油等。自古以来，火就被当做武

两场近代早期运用火的战役：一攻一守

器，运用于战争之中。焦土政策由来已久，它不仅被用来抵御外敌入侵，也常被用于清理战场。虽然拜占庭军队用希腊火药（一种含石脑油的可燃液体混合物）做武器，但在两军对阵中，真正的火焰很少出现，因为火（和烟）难以掌控，容易反噬。火药出现后，情况发生了改变，火药使"火力"成为了军事力量的代名词，让火光照亮了战场。

自此以后，军事高温技术便紧随着机械高温技术的脚步。"战争机器"一词越来越名副其实，因为"火力"指的是借助机械、车辆和武器，通过控制燃烧来奔跑、射击、炸毁或以其他方式来攻城略地。战争的胜利意味着摧毁敌人制造和使用此类武器的能力。同样，夺取重要的油井也是战略考量的一部分，正因为如此，二战时期德国入侵了罗马尼亚，而日本入侵了印度尼西亚。20世纪，石油资源就像古代的铁资源一样宝贵。军人坐上了配备了油箱的战车，不再需要匍匐前进。伊拉克军队从科威特战场上撤退时点燃了油井，这不仅是现代版的焦土政策，也象征着当代军事力量的来源。

火作为生物技术有着截然不同的发展历程，因为它处于自然环境中，而不是位于燃烧室中，所以人们无法对其施加与机械高温技术同等的控制，也不会把火拆解；相反，人们尽力探索任何相互作用的可能性，以发掘火的催化力量。这一过程围绕着土地利用方式的转变而展开，其中有两个变化对现代社会影响最大。这两个变化与农业用地的转变有关：一方面，农民已经找到了等效的替代方法，使得原本提倡的明火逐渐减少；另一方面，国家建立了公共野地或自然保护区，之前被遏制的野火现在在这里扩张地盘，既有人为纵火，也有自然形成的野火，因为火的生态功能无可替代。

人类并没有像控制蜡烛和喷灯一样控制农业用火，而是采用了驯化羊群的模式。农民有选择性地燃烧牧场，驱使火焰像羊群或猪群一样啃食地上的橡果或草根。火的行为取决于其所在的环境土地上作物栽培的精细程度以及点火之日的干燥程度和风力强度。人们通过安排火场上的可燃物、选择燃烧的时间和地点来控制燃烧，以期实现理想中的效果。人们砍伐生物燃料，将其晒干并运送到现场，把它们分散或集中起来燃烧。环境有多"驯服"，在这个环境里燃烧的火就有多"驯服"。随着农业机械化程度加深，自由燃烧的火焰出现的机会越来越少了。人们已经找到了替代火焰提高土壤肥力、杀灭农业害虫的方法，把火从农田中"驱赶"到发动机中。

　　但这种替代方法对野地或自然保护区不起作用。"有预谋的燃烧"（按照特定指示纵火）已经成为许多工业国家管理自然保护区的基本做法。虽然采取了措施，但"有预谋的燃烧"仍然试图回归自然燃烧，甚至火冲出人类的控制范围，回到曾经的乐园——荒野。火可以变得温顺，但永远也不会被真正驯服。这些火就像是在野外捕获并套上锁链的大象，或是在马戏团中受驯的老虎。看守者乐于见到它们身上的"野性"，因为这样才能延续野生环境。但任何控制手段都是不可靠的，动物会挣脱皮带，也总有一部分火会摆脱人类的控制。"有预谋燃烧"的火既不是工业火，也不是被驯服的火，而是实现人类目的的生态过程。

　　亲历火被从自然中捕获又被放归自然的过程，会让人产生一种时空错位感。美国西部到处都是无人居住的公共土地，"有

从狩猎到战争：原住民放火袭扰探险队。托马斯·贝恩斯，《菲伯斯先生和鲍曼——与那些想烧死我们的黑人交战》，1856 年

1991 年"沙漠风暴行动"中，美国空军第四战斗机联队的战机飞过伊拉克军队撤退时点燃的科威特油井

预谋燃烧"的火已经演变成了"有预谋燃烧"的自然火，即在特定的地点发生，并且遵循一定行为准则的火。这种做法虽然自相矛盾且略显讽刺，但能将火"遣返"到来源地。历经反复更名和多次失败，这种做法却一直在被推广，也必须被推广，因为人类永远也无法完全掌控火，只能分享和改造火。

在古代城邦国家中，城市公共会堂或公共壁炉的地位相当于村庄中水井的地位。人们到这里来取

阿尔伯特·比尔施塔特，《加州的巨型红杉树》，1874年，布面油画。巨型红杉树是美国西部早期火生态研究的重点，这些研究结果使消防政策重新修订，使火重新恢复昔日地位

现代火棒：俄勒冈州熊谷国家野生动物保护区内用于实施"有预谋的燃烧"的滴油点火器

火，用新取得的火替代家庭、宗教圣地和工厂里的旧火，公共会堂或公共壁炉也常被视为宗族的象征。现代社会中的居民根据其居住环境对公共会堂进行了改造，消除了火的有形存在。同时，现代社会也设置了自然保护区，火的有形存在将在自然保护区里得到延续。这些地方已经成为"现代圣火"的殿堂，圣火在自然中点燃并维系，人们从这些火焰中象征性地取火以重建旧秩序。

　　但火的数量还是比以前少了。除非现代社会崩溃，否则火的数量永远也恢复不到从前，即使采取最积极的恢复策略也无济于事。澳大利亚维多利亚州原计划每年至少燃烧 5% 的保护区土地，但现实情况是最多只能达到 1.5%。美国的佛罗里达州是美国火灾规模最大、发生最频繁的地区。2009 年，该州有 11000 平方公里的土地被烧毁，但原定的最低标准是 25000 平方公里。如果西塞罗还在的话，他可能会认为虚拟的"第三自然"将继续重塑"第二自然"。

🔥 7. 绘画中的火

在田野上放牧也好，给壁炉添柴也罢，无论以哪种方式利用火都需要技巧，管理火也需要诀窍。火一直在为艺术创作提供灵感。人们用火制造凿子、颜料和墨水，以火为主线讲述部落的故事，也用火焚烧书籍和画作。但火大多作为配角而存在，自身很少成为主角。

人类、火与艺术的关系可以追溯到旧石器时代。拉斯科和肖维等地的洞穴壁画是保留下来的距今最久远的欧洲绘画艺术作品。这些画作虽然是用木炭或其他用火处理过的颜料，在火光的照耀下创作完成的，但它们描绘的是驯鹿、野牛和长毛犀牛，而不是灶台或火焰燃烧的画面。如果没有人造光源，这些壁画根本不可能完成，更别提被后人观赏了。一直到近代，人造光源指的都是火焰。虽然火为绘画创造了条件，但火本身却没有成为绘画的主题或焦点。

各地的火在民间艺术中得以留存。民间艺术作品中常有火的身影，因为火在日常生活中太过于常见。营火、灶火、篝火、火炬、炉火、烛火和偶尔发生的野火，都与日常生活密不可分，因此都被朴素的画笔记录下来。有些社会的民间火艺术传统较为丰富。据估计，有5%的澳大利亚原住民艺术含有丛林大火元素。俄罗斯、美国和澳大利亚民间艺术在现代社会仍然继续采用大火场景，这些场景有时以高雅艺术的形式呈现，有时则以民间艺术的方式表达。火仅在少数情况下作为主题而存在。

庄重的火艺术依赖于动机、手段和机会的统一。无论是作为主题，还是沦为附庸，火都曾引起特定时期艺术家们的兴趣。他们认为火是艺术，能激发其他艺术家的兴趣并获得他们的尊重。在西方文明中，火艺术的发展是断断续续的。某些情况下，火的某些表现形式获得了社会关注，激发了人们想象，并得到了某些流派的支持。这时，画家以火为主题或装饰图案进行绘画创作以期提升事业、建立声望并获得鼓励。这是火与艺术家志同道合的时刻。有些主题经久不衰，有些主题取决于特定的时代品味，有些主题则单纯地反映了艺术家的独特情感。有些艺术家无视环境中反复出现的火，从来不画火。而有些艺术家则四处寻找火，一遍又一遍地画它。在某种特殊情况下，来自正规艺术院系的画家们也会把火作为标志性主题。

燃烧的城市是经久不衰的主题之一。毕竟，城市是艺术家及其赞助人居住的地方。家园被摧毁对他们来说是个人和集体记忆中的标志性事件。对于像休伯特·罗伯特这样的新古典主义者来说，公元64年的罗马大火就是一个合适的主题。其他人则把目光投向现代：比如1666年的伦敦大火和1812年的莫斯科大火，都曾使当时的帝国首都化为灰烬。到了19世纪，平价印刷技术的问世以及期刊和大众读者的出现，为当代大火的影像创造了市场，使其几乎成为一个单独的流派。美国的平版印刷师柯里尔与艾夫斯为了迎合大众品味把火（和消防员）添加到日常图片库中。

于是，就形成了一套标准的风格和一系列固定的套路。一些场景成为了城市职业消防员传说的一部分。职业消防员们将水管对准大火，营救受害者，像尼亚加拉大瀑布的急流一样在城市街头涌动的火焰，这些都是备受大众推崇的场景。由于定居者社会用木材建造城市，城镇（经常被反复烧毁又重建）大火屡见不鲜，就像第一家银行或第一座校舍一定会建成一样，丝毫不出乎人们意料。绘画中的火自始至终讲述的都是重生和成长的故事。但是，随着木头小镇发展为砖石钢筋结构的城市，手持水桶的志愿救火队也逐渐变成操纵各种设备的消防队，不合时宜的画作被收起来放进画册或挂在消防站的墙上。近代以来最引人注目的城市大火发生在2001年9月11日纽约世贸中心的双子塔，但它只是引发了大量电视新闻报道，并未激发任何艺术灵感。如果庄重的火绘画再次出现，我们可以拭目以待，看它能否重新唤起旧时传统，不过它还是更有可能融入不愿描绘城市大火画面的流派。

其他类型的火艺术根据特定时代的独特品味挖掘主题。例如，文艺复兴时期，人们对古典文学充满热情，所以罗马神话中火与工匠之神伏尔甘和灶神维斯塔出现在各种各样的图画和插图故事中。但普罗米修斯仍然是主流，著名艺术家彼得·保罗·鲁本斯（1577—1640 年）曾以普罗米修斯为主题作画，此后，其他画家如扬·科西尔斯（1600—1671 年）和雅各布·乔登斯（1593—1678 年）纷纷效仿。大多数艺术都来源于艺术，艺术似乎和火一样拥有自生能力，艺术的影响力甚至可以延续几个世纪。但如果把早期的艺术表现形式比作生机勃勃的火焰，那么后期的艺术表达形式更类似于忽明忽暗的蜡烛残留的最后几束烛光。

在浪漫主义早期，普罗米修斯主题得到了复兴，这一时期的艺术家们和发明家们通常被定义为"新普罗米修斯"。《解放了的普罗米修斯》（1820 年）从雪莱的诗歌走向调色板。威廉·布莱克也以此为主题创作了一幅绘画作品。但大多数画作强调的都是普罗米修斯因反抗斗争和浪漫主义而遭受可怕的惩罚，想要体现的是他重获自由而不是他带来了火种。这就体现了一条社会准则：即使作为主题，火也仅仅是配角而非主角存在，比如作为火炬或者背景。

到了 19 世纪，情况发生了改变，风景画作为一种主流艺术形式开始流行起来，艺术家们有机会前往经常发生火灾的原始环境，这些环境大多是荒凉的山脉、连绵起伏的草原、自由生长的灌木和未经开垦的非洲南部大草原，都与定居者社会中兴起的民族特性有一定的联系，所以这些绘画作品在欧洲受到了前所未有的欢迎。有些热衷于探险的艺术家，用绘画记录下到访过的场景和见证过的奇观，他们的作品也因此受到追捧。

画家们就像记者一样，出于职业本能想要尽可能多地记录火。欧洲最早的联系人图标中就包含一些生活中较为常见的火元素，包括火炬火、烹饪火、仪式火、火箭、着火的村庄、渔船上的火、防御工事中的火、流浪猎人手中的火等，这些火都是欧洲殖民史的一部分。随着平版印刷技术的发展，平版印刷的廉价复制品（包括彩色）以及带有逼真插图的期刊等大众传媒的出现，为一些戏剧性画面创造了市场。燃烧的城市变成了燃烧的草原或森林。一些知名艺术家将纪实风格与美学相结合创作出一系列重要作品，使 19 世纪的火艺术与众不同，甚至由此催生出了一个堪称火风景艺术的流派。

火艺术的流行和艺术家的个性有一定的关系。虽然大多数艺术家对火无动于衷，但总有一些人会被火吸引。如果有人创作了一幅关于火的画作，那么他或她很可能会再创作另外一幅。而正是少数杰出的艺术家创作出了大多数的经典之作，这些

艺术家正处在风景画风靡的时代，许多风景画都以大火为背景。当然凡事总有例外，有些画家只创作过一幅以火为主题的名作。1505年左右，皮耶罗·迪·科西莫[1]创作了一幅充满寓意（和荒凉之感）的《森林大火》三拼画。

　　弗雷德里克·丘奇[2]描绘了一幅阴郁的风景画——《死亡阴影谷边界上的基督徒》（1847年），画面的焦点是一根巨大的火焰柱，代表着圣经中分裂成十字架的火柱，此后他再也没有创作其他同类作品。（这个例子体现的是火融入了已有的宗教主题，而不是因为对火的迷恋而产生新的宗教主题）。古斯塔夫·多雷根据爱德华·查尔顿的作品《环球游记》中的一段文字描述绘制了一

---

[1] 皮耶罗·迪·科西莫：意大利文艺复兴时期画家。——译者注
[2] 弗雷德里克·丘奇：美国19世纪后半叶最伟大的风景画家。——译者注

皮耶罗·迪·科西莫，《森林大火》，约 1505 年，板面油画

这幅佛罗伦萨文艺复兴时期的作品可能是在卢克莱修或维特鲁威火主题的基础上进行了创新（卢克莱修：罗马共和国末期的诗人和哲学家，以哲理长诗《物性论》著称于世。——译者注；维特鲁威：古罗马御用工程师、建筑师，约公元前 50 年到前 26 年间在军中服役。——译者注）

幅草原大火平版画，画中有奔逃的野生动物。约翰·辛格·萨金特在 20 世纪早期以阿尔卑斯山上的大火作为主题创作了一幅水彩画，他以擅长肖像画而闻名，只有这一幅作品展现了他独特的好奇心。勒内·马格里特创作了一幅类似于达达主义风格的作品——《狂热的信徒》（1950 年），画中一只黑色的

鸟俯瞰一堆熊熊燃烧的篝火。在以上这些例子中，艺术家们以火为工具，用新手段来表达旧主题。

有些画家反复运用这个技巧，把它当成一种固定套路。例如，德比郡的约瑟夫·赖特就擅长用隐藏的火焰来阐释主题。他主要利用燃烧产生的光象征点亮现代发明和思想，这一点在他的著名作品《哲学家用一盏灯代替太阳，正在做一场关于太阳系的演讲》（1766 年）中体现得淋漓尽致。他的画作《火葬》以火作为名义上的主题，画中也仅有几缕逃逸的火焰。这几缕火焰被背景包裹起来，这背景看起来就像富兰克林炉一样。

只有少数几位大艺术家把火当作重要的主题，这一代人喜欢探索和报道，可以沿着欧洲的殖民路线去探查殖民前线的火情。其中涉猎最广的当属托马斯·贝恩斯（1820—1875 年），他曾描绘非洲南部的草原大火、澳大利亚的丛林大火以及新西兰的森林大火。他曾在英国进修过，所以毫无疑问，他也绘制过（英国某地的）荒野或干草堆着火的场面，但是大多数火艺术家从未踏出过国门。

在对待火艺术方面，各国的做法大同小异。有些民族在高雅艺术和民间艺术中保留着以火为主题作画的传统，有些民族则完全没有。有些民族有着根深蒂固的火文化传统，可以从火景观中找到民族认同感。而有些民族几乎没有火艺术史，只能从别处寻找身份认同感。加拿大虽然有适合发生冲天大火的广袤草原和北方森林，但加拿大并没有火艺术。（当然也有例外，保罗·凯恩就曾着迷地重绘了1846年某一个晚上发生在萨斯喀彻温北部地区的草原大火。）加拿大的艺术家一直尝试以不同的方式在被森林覆盖的本国内陆地区以外的其他地方寻找代表其知识分子身份和加拿大国家形象的独特特质。他们把关于火的聪明才智运用到工程方面，加拿大人生产消防泵，而不是创作以火为主题的绘画。而对于美国、俄罗斯和澳大利亚艺术家来说，野火是国家形象自我探索的一部分，这些国家通过绘画和散文来表达这种思想。

美国的草原大火流派

著名的哈德逊河画派的风景画家没有画过火，但许多一流的西方艺术家画过。这些艺术家都被卷入历史旋涡之中，与同处在这一历史旋涡中的园林学家和探险家一同关注着每年都会燃烧的大平原。

首次做出尝试的是乔治·卡特林（1796—1872年），他在1831年沿着密苏里河航行时，画了几幅著名的风景画。他尝试以这种方式来保护那些即将消失的荒野和生活在那里的人们。他的第一幅画（一个常见的套路）展示了在地平线上翻滚的浓烟和火焰，前景是一个美洲原住民家庭担忧地注视着这一切。第二幅画则是草原的特写，其中一条火焰正如溪流般在草原上蜿蜒前行。

> 在草势低矮的地方，火势微弱，人们可以轻易地跨过火焰。野生动物经常待在巢穴里，直到火烧到眼皮底下，它们才不情愿地站起来，跳过火，在大火烧出的漆黑灰烬中小跑而去。

温和的火：乔治·卡特林，《大草原上燃烧的树丛》，1832 年，布面油画

卡特林说，这样做"通常是为了得到更鲜嫩的牧草，也为了使交通更加方便"，但是它们的美感丝毫不逊色于其实用性。

夜晚的时候，这些景色美得无法形容。从数英里以外望去，火焰就像流淌着光芒璀璨的"火链"优雅地悬挂在静谧的夜空中，山的踪影已经完全被夜色掩盖。

野蛮的火：乔治·卡特林，《大草原上燃烧的草甸——上密苏里》，1830 年，布面油画

火的威胁：查尔斯·蒂厄斯，《着火的草原》，1847 年，布面油画

第三幅画记录了最精彩的画面，美洲原住民在滔天大火到来前骑马逃离。卡特林屏住呼吸在日记中写下了下面这段话：

> 燃烧的草原就像是……战场或者说烈焰地狱！在草有七八英尺高的地方……火焰在狂风的推动下前进，频繁地席卷这个荒凉的国家的广阔草原。密苏里河、普拉特河和阿肯色河河畔有许多这样的草甸，宽达数英里。这些草地地势极其平坦，草随着风不停摇曳。草是那么高，我们骑着马在草中穿行的时候，得要站在马镫上伸直身体，才能看到起伏的草浪。在这样的草地上燃起的火焰，在风的助力下能以可怕的速度快速蔓延，吞噬那些即使快马加鞭也难以逃脱

的印第安人。

卡特林两种迥然不同的创作风格奠定了这一流派的基础。那令人毛骨悚然的汹涌火焰，如雷云般的滚滚烟雾以及像闪电一样闪烁的火光，继在烈焰中奔逃的野牛、麋鹿、羚羊、狼、羊、牛和人之后，成为艺术家们新的创作主题，但这一主题经常伴随着人受到火灾威胁的画面一同出现。查尔斯·蒂厄斯（1818—1867 年）曾描绘过这样的画面：火焰袭击了猎人，又逼近了马车队。阿尔弗雷德·雅各布·米勒（1810—1874 年）

跨越边境的火：加拿大探险艺术家保罗·凯恩创作了一幅展现了埃德蒙顿附近夜景的画作《着火的草原》，约 1846 年，布面油画

的作品展示了猎人和当地人应对火灾的做法，他们迎着火放火并在下风向对火进行围追堵截。柯里尔与艾夫斯在其深受大众喜爱的系列平版印刷作品中以戏剧化的手法展示了这种惯用做法：一方在火势快速蔓延的区域内点燃了一场逃生之火，然后立即逃离，希望躲过快速袭来的火焰（见 A.F. 泰特的画作《草原上的生活，捕猎者的防御，以火攻火》，1862 年）。

　　20 世纪，美国最著名的画家和插画家也开始创作类似的艺术作品。弗雷德里克·雷明顿（1861—1909 年）画过美洲原住民在草原上放火，牧场工人用"拖牛肉"的方法灭火（见

值得纪念的火：查尔斯·M. 拉塞尔，《草原大火》，1898 年，板面油画

本书"火之杰作：人类用火实践"一章）以及绝望的牛仔赶着牛群行走在熊熊燃烧的火焰前面的场景。

查尔斯·罗素（1864—1926 年）描绘了克劳族[①]部落焚烧黑脚族部落地区的场景：野牛和羚羊过河躲避猛烈的火焰和各种营火、信号火和篝火。他还画过喷着火花的火车头，旁边是奔腾的野火和奔跑的野牛。他也创作了许多描绘动物在大火中狂奔的画作、临摹经典画作或给经典画作上色。近来，环境问题引发的关注重新点燃了当代艺术家们的创作热情，和大多数艺术家一样，他们最强烈的本能是模仿前辈大师。

俄罗斯乌拉尔[②] 火艺术流派

美国人以什么样的方式应对草原大火，俄罗斯人就以什么样的方式应对森林大火。俄罗斯虽然与斯堪的纳维亚半岛共享大片针叶林，但并没有将北方森林培育成林场，也没有通过艺术手段发掘火的文化内涵，火仍然自由自在地存在于自然界中。俄罗斯的北部地区几乎和加拿大北部地区一样广阔，但俄罗斯与加拿大不同，俄罗斯的民族认同感与针叶林密切相关。火就

[①] 克劳族：美洲土著，多数居于美国蒙大拿州。——译者注

[②] 乌拉尔：俄罗斯的乌拉尔山脉，是俄罗斯境内大致南北走向的一座山脉，它位于俄罗斯的中西部，是亚欧两大洲分界线。大高加索山脉是亚欧分界线的其中一段山脉。——译者注

像熊和桦树一样，都是森林的组成部分，也都与俄罗斯的民族认同感存在联系。俄罗斯与澳大利亚也不同，俄罗斯存在已久的火艺术（也是历史悠久的民间艺术宝库）发展成了艺术流派。

19世纪晚期，巡回展览画派[1]的俄罗斯艺术家们致力于以乌拉尔山脉为中心创作民间艺术、肖像和自然风景。火不是欧洲风景画的经典和主流主题，它却鲜明地展现在乌拉尔派艺术家的画作中。将世俗和民俗升华为高雅艺术需要催化剂。这就不得不提到阿列克谢·库兹米乔夫·杰尼索夫。杰尼索夫在彼尔姆州[2]长大并在家族企业中学习加工半宝石。一开始，他只是给实景模型画背景，以便在集市和展览会上展示工艺。后来，他迷上了绘画，接着又迷上了火，并决心通过描绘火的威武雄壮来"与火融为一体"。二十年来，他一直坚持绘画和创作。他几乎完全与乌拉尔地区融为一体，甚至在自己的名字里加上了"乌拉尔斯基"。

1900年，他完成了《森林之火》，并把这幅画当作他的代表作在乌拉尔艺术展上展出。他的画作启发了 L.N. 祖科夫、A.A. 谢尔曼捷夫、N.M. 古辛和 I.I. 克里莫夫等艺术家，虽然

---

[1] 巡回展览画派是1870年至1923年间由俄国现实主义画家组成的集体，成立于彼得堡，发起人为伊万·尼古拉耶维奇·克拉姆斯柯依等人。19世纪中叶，随着农奴制度的解体，俄国迎来了文化艺术的繁荣，经过整整一代人的努力，到19世纪70年代，随着俄国批判现实主义文学运动的高涨，出现了著名的现实主义画派——巡回展览画派。——译者注

[2] 彼尔姆州：属于乌拉尔工业区。——译者注

图为博览会期间报纸上刊登的（垂直）裁剪版画作。A.K. 杰尼索夫·乌拉尔斯基，
《森林之火》，1904 年，平版印制画

他们从未明确表示自己归属于某个艺术流派，但他们的作品却体现出相似的风格。乌拉尔画派对与火有关的画作具有重要意义，如同哈德逊河画派对美国超验景观以及澳大利亚墨尔本郊外的海德堡花派的意义一样。

A.K.杰尼索夫·乌拉尔斯基生活落魄，时常陷入困顿之中。俄国十月革命发生后，他被流放到芬兰的一处乡间邸宅，在那儿结束了自己悲惨的一生。他的杰作《森林之火》似乎也有着相似的悲惨命运。自从这幅画流落到美国后，

V.N. 多布罗沃利斯基，《森林之火》，苏联现实主义和立体主义的结合

杰尼索夫·乌拉尔斯基就再也没有听说过它的消息。1904 年，这幅画从彼尔姆州来到圣路易斯世界博览会参展，从此开启了它的漂泊生涯。日俄战争导致俄罗斯的参展资格被取消。一位名叫爱德华·格伦瓦尔特的皮草商人建议以私人代表团代替官方代表团，这样就可以采取委托的方式展出并销售展品。《森林之火》最终在展会上获得了银奖，几家报纸都刊登了它的彩色图片，随后它受到了美国流行文化的关注并一直被复制。

自那以后，它就和其他俄罗斯艺术品一同消失了。不知道经历了怎样的曲折，它最终落入啤酒大亨阿道弗斯·布希的手中。1926 年，它被悬挂在布希公司位于达拉斯市的阿道弗斯酒店的门厅。1950 年，它出现在圣路易斯市安海斯－布希啤酒厂的迎宾室内。1979 年 3 月，布希家族将此画移交给美国国家人文基金会，希望把它归还给苏联。苏联驻华盛顿大使馆为此举行了一场特别仪式。就在这时，这幅画再次消失了。大使馆表示会把画移交给俄罗斯一家大型艺术博物馆，但没有一家博物馆收到过这幅画。大使馆也声称没有保留这幅画，官方也不知道它的下落。

有趣的是，虽然原作已经失踪了，但其复制品却随处可见，因为它已经成为了民间文化的一部分，成为历史上复制品最多的一件火艺术品。美洲原住民画师摩西奶奶[①]和一群孜孜不倦的业余艺术家都临摹过这幅画。每年都有新的复制品出现，其中大多是油画。就像大火一样，伟大的火艺术品也具有传播的能力。

澳大利亚的丛林大火传统

澳大利亚的丛林大火一直与其民族认同感密切相关。丛林大火就像桉树和树袋熊一样，都是澳大利亚的标志性特色。与丛林大火作斗争的情节也经常出现在澳大利亚的艺术和文学作品中。按人均计算，澳大利亚有关火的高雅艺术作品的数量要

---

① 摩西奶奶（1860—1961 年）：大器晚成，她晚年成为美国著名和最多产的原始派画家之一。她描绘自己了如指掌的农场生活可谓驾轻就熟。——译者注

高于其他国家。和美国一样，澳大利亚的火艺术作品中也含有报道和仪式的元素，迫切想要记录下这片土地的奇特之处并认同其颇具戏剧性的表现形式。美国 19 世纪的绘画作品似乎带着一种新鲜感和自豪感，与美国不同，澳大利亚的丛林大火更加危险、不祥且缺少同质化。如果说澳大利亚的大火按照时间顺序记录了澳大利亚历史上的重大事件，那么有关火的艺术作品则反映了这些历史事件的意义。

作为一片新大陆，对澳大利亚进行物种调查是绘画的主要目的之一。澳大利亚的自然历史与众不同，达尔文曾把澳大利亚描述为一个由造物主单独创造出来的世界，这里的丛林大火与袋鼠和鸭嘴兽一样，都是值得记录的新奇事物。

火焰既不能在福尔马林溶液里保存，也不能被制成标本，所以绘画和散

文就成了自然学家保存火焰的工具。第一幅影像记录展示了一个原住民家庭，画面中有一个孩子手里拿着一根火棍；之后的记录几乎都有火棍出现，且都以丛林大火为背景。

约翰·朗斯塔夫，《1898年2月20日星期日晚上的吉普斯兰》，布面油画（吉普斯兰：澳大利亚的吉普斯兰岛，位于维多利亚州的东角，这里有宽广的湖泊和山脉。由于这里气候凉爽，当地的黑皮诺总会表现出浓郁的果香。——译者注）

拉塞尔·德赖斯代尔，《1994年的丛林之火》，复合板上的布面油墨画

在维多利亚州，像小袋鼠一样活跃的火焰本身也是重大历史事件，需要用高雅的艺术风格来展现。澳大利亚熊熊燃烧的丛林大火，为社会进步提供了驱动力，并对欧洲庄重的史诗风格般的高雅艺术做出回应，戏剧般地再现了伟大的战争和历史时刻。奥地利浪漫主义艺术家尤金·冯·格拉德（1811—1901年）展示了如何用艺术表达火的狂野，但仅限于远观。拉近火与人距离的是威廉·斯特拉特，他的作品《1851年2月6日黑色星期四》（1864年）成为澳大利亚流派的经典之作，他也把这一巨幅布面油画视为自己的代表作。

斯特拉特于 1850 年 7 月抵达墨尔本，当时正值淘金热的高峰，距离澳大利亚殖民史上的第一场大火还有六个月的时间。1851 年 2 月，维多利亚州约四分之一的面积被"黑色星期四"丛林大火烧毁。斯特拉特虽从未亲眼见过火焰，但他能感受当时的情景，感受大火产生的浓烟。他在日记和写生本上留下了许多记录和细节描述。1864 年，他创作了巨幅布面油画《1851 年 2 月 6 日黑色星期四》，他在伦敦展出这幅画并希望它能成为公共藏品。这幅画虽然引起轰动，却并未售出。

在接下来的一个世纪里，《1851 年 2 月 6 日黑色星期四》在英国和澳大利亚各殖民据点之间辗转，寻找合适的收藏场馆。1883 年，它踏上南澳大利亚州。接下来的几十年里，它一直被私人收藏，穿梭于阿德莱德、墨尔本和悉尼的画廊之间，还有一次差点去了珀斯。1954 年，维多利亚州立图书馆做了一件大家期待许久的事情：以 150 澳元买下了这幅画。（斯特拉特最初出价 300 澳元，并认为这是一笔亏本买卖，但最终还是同意以 200 澳元成交。一位评论家指出，画家从中赚的钱还不够买"一个涂料研磨机"。）1965 年，维多利亚州立图书馆扩建，《1851 年 2 月 6 日黑色星期四》在此永久展出，这激起了艺术史学家的兴趣并赢得了广泛赞扬。斯特拉特和早期评论家认为这幅画就是为此而生的。

1988 年，它参加了澳大利亚 200 周年纪念巡展，但巡展结束时维多利亚州立图书馆还没完成重建，于是这幅画再次开

威廉·斯特拉特，《1851 年 2 月 6 日黑色星期四》，创作于 1864 年

始流浪，几经辗转于澳大利亚国立美术馆以及南澳大利亚州、维多利亚州和西澳大利亚州的美术馆之间，直到 2004 年才回到了维多利亚州立图书馆旗下的拉筹伯图书馆。现在，现实世界中狂暴的丛林大火在澳大利亚人生活和政治中的主体地位正在恢复。《1851 年 2 月 6 日黑色星期四》如同有了护身符。

澳大利亚的知名艺术家们继续把丛林大火当做主要的创作题材。继斯特拉特之后，约翰·朗斯塔夫也同样做出了大胆尝试。他的画作《1898 年 2 月 20 日星期日晚上的吉普斯兰》描绘了"红色星期二"丛林大火。但真正能体现澳大利亚特色的不是作为

固定套路出现的丛林大火，而是向现代主义的过渡。澳大利亚艺术家们仅凭自己的力量，就成功地将丛林大火转化为20世纪艺术的主流特色。而在其他地方，以火为素材的绘画常见于流行艺术或民间艺术，但却从前卫或高雅艺术中消失了。在澳大利亚，以丛林大火为题材的绘画一直存在着，就像丛林大火从未从土地上消失一样。

20世纪，许多澳大利亚著名画家都画过火，比如亚瑟·博伊德、弗雷德·威廉姆斯、拉塞尔·德赖斯代尔、克里夫顿·普，甚至西德尼·诺兰等一长串名单。这些画家都创作过几幅关

西德尼·朗，《丛林火魂》，1900 年，布面油画

于丛林火的重要作品，成功地再现了丛林大火的经典画面，既展示了典型的澳大利亚特色，又体现了妙不可言的异域风格。丛林大火就像土著部落晚会上的篝火一样，不仅照亮了周围的环境，本身也是一道风景。火焰、焦炭与被炙烤的土壤、酷热的风一样，都是森林的表现形式。除澳大利亚以外，没有任何一个工业化国家始终把火当作现代主义艺术作品的全部主题；但是，也从没有哪个工业化国家像澳大利亚一样，发生过这么多次本土火灾或者有这么多场在城市边缘肆虐甚

174

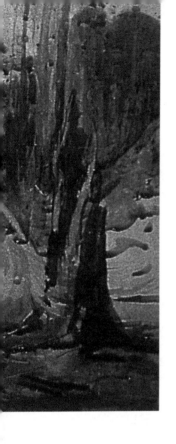

至入侵首都的野火。

除澳大利亚以外，与火有关的大部分艺术作品中都缺乏超越崩溃和危机等直观感受的庄严感。无论是绘画、文学还是电影，大多数作品讲述的都是冒险、灾难或自然的崇高，而不是文化认同或道德品质。真正能带给人强大冲击的不是火灾画面本身，而是画面所体现的一个民族的渴望、恐惧和现实感受。

毕竟，当代生活中充满了火的意象。几乎每篇新闻或宣传报道中都会提到火，借此吸引人们的眼球并激发人们的兴趣。环保主义的兴起，也让人们以新的角度审视火。火元素大量存在于现实主义的绘画作品中，更不用说照片中了；但这也使人们对火产生了视觉疲劳，让火的魅力大打折扣。大多数观众看到的火不再悬挂在墙上或博物馆里，而是出现在屏幕和显示器上。一些引发人们广泛关注的图片展示的不是火焰，而是中分辨率成像光谱仪轨道卫星拍摄的遥感图像。在抽象的遥感图像中，布满火焰的地球看起来就像被虫蛀的毛衣。这就是工业化时代大多数人所认识的火。虚拟之火正在取代现实之火。

🔥 8. 仪式上的火

位于墨西哥谷中央的赛罗·德拉·埃斯特雷伦在前哥伦布时代还是一座岛屿，是特斯科科湖与赫霍奇米尔科湖湖水交汇的地方。每隔52年，阿兹特克人就会在这里举行新火仪式。在周期为260天的卓尔金历和周期为365天的哈布历重合的日子，昂宿星悬挂在正空，宇宙即将堕入黑暗或新的太阳即将重燃时，正是新火拯救世界的时候。

仪式场面十分隆重壮观。在附近的每座乡村里，在清澈、宽阔的湖水对面，每堆篝火、每座村庄、每座寺庙、每支火炬以及每个营地中的火都被熄灭，人类世界中的最后一丝火光也消失在夜色中，只剩下星光。这个我们所熟知的被阳光照耀的世界，在未知中颤抖，黑暗与恶魔悄悄靠近。只有以古老的方式，也就是人类最早学会的生火方式，重新点燃火焰，才能让太阳回归。

在赛罗·德拉·埃斯特雷伦峰顶的一座祭坛上，四位祭司正在分别等待着四种元素、四个旧世界和四个十三年，等待它们共振凝结成新火。第五名祭司挖出被强迫的献祭者的心脏，这心脏还在跳动，将从圣器中冒出的新火，放置在献祭者裸露的胸膛里，象征新生。接着，四位祭司各自用新火点燃一个巨大的火炬，在守卫的护送下，走下山坡来到正在湖边等候的小船上，分别去往四方。

上岸后，祭司们又用新火点燃旧火，每支新火都由一名女祭司专门照看。她们的任务就是让新火持续燃烧 52 年，如果

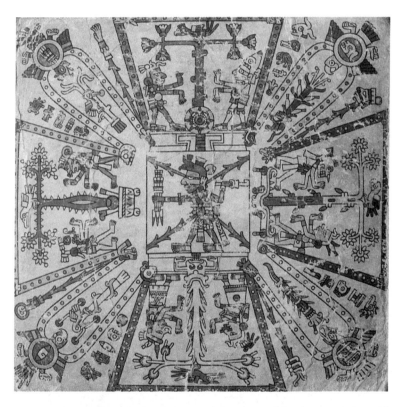

修特库特利，墨西哥的火与时间之神，位于宇宙中心，在《费耶尔瓦里－迈尔手稿》中指向世界的四方

火熄灭了，她们也性命不保。灶台、熔炉和庙宇中燃烧的火，狩猎、耕种和捕鱼时用到的火，所有神圣和世俗的生命之火，都由这新火点燃。星辰轮转，太阳升起。世界又一次被拯救了。

阿兹特克人的火仪式旨在建立历法和宇宙的联系，因此被称为"岁月的捆绑"。它沟通了天和地，连接了神圣和世俗。新火也把思想与实践结合起来，它把符号世界（也就是人类认知的精神世界）和现实世界联系起来。显然，火起到了媒介的作用。地球上的火既存在于人们的心中，也存在于田地和森林里。人们用神话故事讲述火的故事，通过仪式重新演绎火的角色。

有关火的神话关注的不是人类的起源，而是人类力量和其独特性的来源。火不是人类的发明创造，而是自然的产物，而自然或其化身不情愿地向人类做出让步。这些神话故事大同小异，与点火技能遵循着相同的故事架构。

至少伟大的民俗学家詹姆斯·弗雷泽爵士是这么认为的，他在著作《火起源的神话》（1930年）中表达了这一观点。在他全部的作品中，这本书对这个主题阐释得最为全面，读起来也最乏味。在大量调研的基础上，弗雷泽得出了一个结论：神话故事通常将火的起源推定为闪电（"来自天上的火"）而不是火山喷发。火对人类最大的恩惠是让人类能够烹饪食物，所有关于人类获取火的故事都分为三个阶段，分别是无火时代、用火时代和生火时代。第一个阶段最缺少熟食，这"表明对热食的渴望是人类的天性，其生理性原因可以通过科学手段确定"。第二个阶段人们迫切希望能够让火永远燃烧。第三个阶段人类构想能够随心所欲地从大自然中取火。人类运用钻木取火和击石取火共同遵循的原理，把这一构想变为现实。弗雷泽认为神话虽然有"奇幻"的一面，但"很可能包含了大量事实"。

其中，最根本的一条事实就是：神话故事象征性地讲述了人类获得火并利用火的故事。正如克洛德·列维–斯特劳斯所说，人们大多将来源于火的力量运用到烹饪中，这意味着生食与熟食的区别就是野蛮与文明的区别。古往今来，火（灶台）始终代表着人类将第一自然改造为第二自然并赋予其象征意义的能力。烹饪利用火进行转化，而神话则借助标志、象征和符号等固定元素进行转化。即使在抽象领域，火也被认为具有促进转化和生成的能力。

神话本身是无休止地迭代的，或者正如列维–斯特劳斯所观察到的那样，它在一个地方"解开"，又在另一个地方重新"打结"，但似乎有些主题是永恒不变的。其中一个主题就是火经常被蓄积起来。火意味着力量，人类有了火就可以打破地球上原有的力量平衡。因此，火不是免费的馈赠，而是各个文化中的英雄人物通过计谋甚至暴力手段窃取或获取的。普罗米修斯的故事在西方文明中流传着诸多不同的版本，这个故事也因此在西方家喻户晓，但在其他的文明中，故事的主人公也可以是狡猾的小偷、老鹰、郊狼、兔子、啄木鸟、蜘蛛或蟾蜍。故事的高潮通常是人类"抓住"了火，表明人类抓住了力量和未来，但在某些情况下，人类会受到警告或被降下天罚。缅甸就有这样一个传说：天父拒绝向人间赠火，因为这无异于和恶魔做交易，将会导致"诸多不幸"。虽然作恶者大多受到了惩罚，但一旦被释放，火就永远也无法收回。除非有奇迹出现，否则它也永远不可能熄灭。

火变化多端，即使是最著名的神话也会演绎出多种不同的版本。据赫西俄德的《神谱》（约公元前700年）记载，聚云神宙斯禁止凡人用火。毕竟，宙斯曾在闪电的帮助下，借助闪电产生的火，获得了至高无上的地位。火焰曾横扫奥林匹斯神族与提坦神族的战场克里特岛，但是曾站在奥林匹斯神族一边的提坦神普罗米修斯，出于对人类的怜悯和同情，偷走了宙斯的天火，用一根茴香梗把火带到人间。茴香这种植物在古代常被用来做缓燃引信，就像苏美尔人把芦苇奉为火神一样。

针对这种冒昧之举，宙斯对火种的给予者和接受者都施加了惩罚。为了惩罚因火而获得力量的人类，宙斯派出了潘多拉，这个女人出于好奇释放出大量的邪恶。传闻普罗米修斯能够预言谁将推翻宙斯的统治，出于愤怒，宙斯残忍地用锁链把这个提坦神族的叛徒锁在高加索山脉的一座山峰上。每天必定会有一只老鹰出现在倒霉的普罗米修斯面前，啄食他的肝脏。到了晚上，被吃掉的肝脏又会恢复如初。就这样，宙斯的怒火每天都在燃烧，普罗米修斯的反抗也愈发激烈。大约三四万年之后，他才在大力神赫拉克勒斯的帮助下解开锁链。著名的古希腊悲剧《被缚的普罗米修斯》正是以这个版本的故事为蓝本，普罗米修斯叛逆的英雄形象吸引了无数浪漫主义者。

柏拉图创作的另一个版本更富有哲学意义，普罗泰戈拉[①]与苏格拉底的对话《普罗泰戈拉篇》描述了众神如何将土与火混合起来创造凡间生灵。在锻造之神赫菲斯托斯和艺术女神雅典娜的指导下，创世在地下进行着。众神指派普罗米修斯和他的兄弟厄庇墨透斯对已具雏形的生物进行完善并将它们送到地面上。从名字就能推断出，普罗米修斯（意为先见之明）先思考后行动；厄庇墨透斯（意为后见之明）则先行动后思考。等到赋予这些新生物力量和才能的时候，厄庇墨透斯信誓旦旦地向他的兄弟保证一定能完成这项任务；但他愚蠢地把一些珍贵又数量有限的本领分配给了先出现的动物。等到人类出现的时候，已经什么都没有了；但是他们兄弟必须得在规定的时间内把造好的生灵全部送到地面，最后期限马上就要到了，也只能将错就错。

普罗米修斯对人类很友好，他认为人类只要有了火和与之

---

① 普罗泰戈拉：公元前5世纪希腊哲学家，智者派的主要代表人物。他主张"人是万物的尺度"。他多次来到当时希腊奴隶主民主制的中心雅典，与民主派政治家伯里克利结为挚友，曾为意大利南部的雅典殖民地图里城制定过法典。他一生旅居各地，收徒传授修辞和论辩知识，是当时最受人尊敬的"智者"。——译者注

扬·科西尔，《普罗米修斯》，约 1637 年，布面油画

相关的技术，生存就不成问题。但奥林匹斯山的火种被宙斯的守卫们严密地看守着，普罗米修斯只能偷偷地溜进赫菲斯托斯的作坊，把熔炉里的火偷出来。（赫菲斯托斯本人带着他的火

被宙斯从天上驱逐下来，他因此成了残疾。从这个角度说，火的起源归根结底还是闪电，而不是熔炉。）因此，普罗米修斯可以宣称是他发明了人类所有的技艺，柏拉图则可以基于此解释人类的主导地位。

这就是语言的象征意义，类似的象征意义也存在于行为、仪式和典礼中。它们也能把思想和行动结合起来，就像祭品焚烧产生的烟雾连接天与地一样。它们也呈现出多种形式，其中有一些成为经久不衰的主题。

永恒之火融合了神圣与世俗。它既可以象征神，也可以象征神明显灵，至少也是一种可以通过仪式建立联结的手段。无论是在西奈山上①还是在神庙的祭坛上，或是在琐罗亚斯德②或赫斯提亚③的庙宇里，火都长明不灭，也从不受其他火源的侵染。让圣火熄灭或是受到污染是对神明的亵渎，也是不可饶恕的死罪。《利未记》④中写道："祭坛上的火要一直燃烧，不可熄灭。"当拿答和亚比户来到祭坛前献上"异火"时，主让火把他们吞噬。人们在迁移时，会用车载着珍贵的火，

---

① 西奈山：西奈山又叫摩西山，位于西奈半岛中部，海拔2285米，是基督教的圣山，基督教的信徒们虔诚地称其为"神峰"（The Holy Peak）。——译者注

② 琐罗亚斯德：古代波斯国国教拜火教之祖。——译者注

③ 赫斯提亚：希腊神话的灶神，罗马名为维斯塔。灶神并不是厨房的保姆，实际上等同于家庭守护神。在钻木取火和食物匮乏的时代厨房就是家庭的中心。——译者注

④ 《利未记》：《旧约全书》第三卷，内容包括利未律法和宗教仪式戒律。——译者注

殖民者、使节和军队离开时都会带上圣火。以色列人和亚历山大大帝高举着圣火。希腊殖民者也用来自故土的火点燃新的炉灶。

在古地中海地区，维斯塔和伏尔甘是奥林匹斯山的两位火神，分别代表灶台和火炉、家庭和工作。神圣之火和世俗之火的联结，也分别对应着神庙和城市公共会堂中的火。神庙和城市公共会堂原本是一体的，前者是宗教中心，后者是公共设施。事实上，象征意义和实用意义都来源于同一种基本的火焰。

在印欧人心中，壁炉里的永恒之火是家庭的仪式中心，就像庙宇里的永恒之火被集体敬奉一样。出生、死亡、结婚、劳役、收养，所有具有约束力的仪式都要在壁炉前或者在象征着壁炉火的物品前举行：家庭订立婚约和国家订立条约的仪式都包含混合火焰的环节；新生儿在壁炉前起名；家庭中的新成员（甚至家畜）需要先绕着炉火行走才会被接纳；流亡者被驱赶到没有火存在的地方。熄灭的火一定要用公共火源重新点燃，从隔壁邻居家借来火种无效。新房主通过点燃壁炉里的火来昭示其合法拥有这座房子。父亲的权威来自家族之火，国王的权威来自集体之火。灶神也就是家神。

克里斯蒂安·迪特里希，《提沃利的维斯塔神庙》（1745—1750 年），布面油画。狂野的水与（在圆形廊柱寺庙内）驯服的火形成鲜明对比

火的象征意义也具有生态和政治内涵。橡树是最适合燃烧的燃料，被众多天神宙斯、朱庇特、托尔和佩伦视为最神圣的树，这是因为在欧洲温带海洋性气候和地中海气候下，橡树最常被闪电击中。（在森林中，只占 11% 的橡树却吸引了70% 的雷电。相比之下，月桂树就很少被闪电击中，所以人们向英雄和皇帝敬献月桂花环。）火建立了从天堂到人间一脉相承的权威体系。父亲、国王和教皇既是统治者，也是火神的代表，他们掌管着火的转移。

壁炉、神庙或城市公共会堂中的火都从实质上反映了永恒之火的概念。最著名的当然是罗马的圣火，它建立了灶台与国家之间的联系。政治、社会实践和寓言构成了一个具有真正文化影响力的"火三角"，家庭之火上升到国家层面。寺庙中的火在圣女的照看下长明不灭。对火的照看，虽然原则上是在父系家长的指导下进行的，但却成了一项家务活儿，由家中的女孩承担。从照看火这一件事情上就能看出，家庭的负担有多么沉重，所以一个家庭之中有一位女儿必须要等到父母都去世后才能结婚。纯洁之火的思想也对国教产生了影响，名门望族每户需献出一名六至十岁的女儿来照料圣火。圣女的数量通常在四名到六名之间，服务期限为三十年。服务期结束后，她们可以重返社会，她们守贞的誓言也从此解除。禁欲最初是为了保证有女人留在家里，后来象征女子照看的火焰的纯洁。无论是不正当的性行为还是火的熄灭，都被视为不忠，都将受到严厉的惩罚，甚至遭到活埋。因此，圣女们处在象征着父权的国王或大祭司的掌控之下，做他们名义上的女儿而不是情人。显然，灶神之火就是家中的灶火——永恒且纯洁。从三月的第一天开始，罗马市民就用它重新点燃家里的炉灶。

灶神维斯塔的神殿是罗马最古老的庙宇，它并没有四面墙壁，而是呈圆形。没有人清楚它具体的建造时间，只知道它一直存在着。严格来说，这座神殿并不是神庙，而是一座祭坛性质的建筑。它是火的源头，罗马的神庙和神庙中祭坛上的圣火都源自于它。如果维斯塔神殿的火熄灭了，就必须通过特殊的仪式来重新点燃。法国学者乔治·杜梅齐尔写道：

> 朱庇特神殿[①]、萨利人的盾牌和维斯塔神殿的永恒之火是三个神迹，也是罗马人依次经历的三个应许阶段……其中人们认为火最古老。

田间有火，炉中也有火。这些火也都具有象征意义和礼仪形式。在这一方面，欧洲的记录最完整，也最全面，这都要归功于民俗学家弗雷泽的努力。起源之火即是众火之源。

下文提及的"需要之火"，有时也被英国人称为"野火"，被德国人称为"紧急之火"，被斯拉夫人称为"生命之火"。

[①] 朱庇特神殿：位于罗马的卡比托利欧山，是古罗马最伟大的宗教庙宇。——译者注

"需要之火"是人类从大自然中捕获并驯服的火。"需要之火"仪式是为了再现原始社会获得火并使用这种纯洁的新火抵御威胁的过程。这种仪式常在危急时刻举行。

点燃"需要之火"需要遵循严格的规定，但不同的地方有不同的习俗，有时由村里最年长的人点燃，有时由新婚夫妇点燃，有时则需要由一对裸体夫妇来点燃。他们采用原始技术来点火，通常是摩擦木棒，或者其他能够让人们回忆起或重现人类最初取火情景的东西。所有已经存在的火都被熄灭，然后用"需要之火"重新点燃，如果在仪式过程中火不巧被闪电点燃，那么仪式的流程也会相应地发生变化。

虽然在不同的地方，地面上的火被重新点燃的过程各具特色，但仪式的核心意义是用新火净化和滋润人类，并用"需要之火"来重新点燃乡村的灶火，以延续新火带来的好处。参加仪式的人用"需要之火"点燃一大堆篝火，人们有时会把女巫的肖像扔进火中，或者在火上焚烧牛或猫这种被认为与巫术有关的动物。["篝火"（bonfire）来源于"骨火"（bonefire）一词]。人们赶着牲口（通常是感染了瘟症的牛以及猪、鹅和马依次）穿过火堆上的浓烟，跨过渐熄的火焰或煤炭，然后人类自己也跨过火堆。接着，他们用火把携带火穿过乡村、田野、果园和牧场，任灰烬洒在地上或者落在脸上。他们将余火带回家，重新点燃灶台，再把熄灭的火把放在家里，当作抵御闪电、野火和巫术的护身符。

这样的仪式象征性地说明了火在人类手中的作用。它们扬善除恶，让世界更适合人类居住。

顾名思义，"需要之火"是对紧急情况的回应。由于火早就已经成了农田和牧场上的常客，因此人们把火仪式写入农业历书，按照季节节律定期点火，并把它融入神圣的礼拜仪式。随着时间的推移，这些异教仪式逐渐与基督教融合。

于是，就出现了六大仪式，其中两种与太阳的年周期相关，两种与放牧周期相关，另外两种则与季节性的种植活动相关。第一对是仲冬火和仲夏火，对应着太阳的盈亏。第二对是五月节和万圣节的火，对应着牧群在冬季和夏季牧场之间的迁移，也就是说，牧民很可能在这个时节放火烧草刺激新植物的生长。第三对与春耕有关，目的是让田地和牧场恢复生机，同时也对应着燃烧休耕地的时节。这些习俗与基督教结合后成为四旬斋和复活节中的火节。

虽然存在地区差异，但还是能够明显看到一些共同特点。一般来说，春季和夏季的火节比秋季和冬季的火节更热闹且涉及的范围更广。恶劣的天气把仲冬的火节赶进室内，它就演变成了尤尔节。而当明亮的山顶火焰照亮仲夏的天空时，正是重新点燃家中灶火的好时机。此外，春夏两季人们可以举行火炬游行，将点燃的火轮滚下山坡，把点燃的火盘抛向空中，并在山顶和十字路口点燃密集的篝火堆。1682年，亨利·皮尔斯爵士在一篇关于爱尔兰仲夏火节的文章中写道："当陌生人走

在夏至庆祝伊万·库帕拉节。波兰画家：亨德里克·希米尔拉德斯基《伊万·库帕拉（施洗者圣约翰）之夜》，约 1880 年，布面油画

近时，会以为整个国家都着火了。"

从象征意义上说，的确如此。这些仪式不仅见证了火的生

态力量，也证明了社会监管火的重要性：没有哪个社会能够长期容忍偶然或随意发生的燃烧。仪式则能起到约束的作用，规定在哪里生火和由谁生火。

我们有充分的理由相信，盛大的火仪式只是把人类曾经公开做过的事情写入神圣的仪式和历书中，如今许多地方仍然保留着这方面的传统。一旦成为符号，火就超越了现实世界中松树燃烧释放的磷、从垃圾堆中逃出来的蜱虫和螨虫或被烟雾熏烤的牛和羊，成为认知生态学的一部分，与意象、神话和象征相互作用。习俗"从两堆火之间穿过"指的是对信仰或品性的考验，而不是字面意义所说的真的穿过两堆火以洗脱罪孽。

这些核心仪式先是被基督教吸收，后来又被世俗化。就像犹太人曾为反对迦南人对火的崇拜和琐罗亚斯德教 ① 而战斗一样，现在的基督徒也曾反抗异教徒印欧人的火仪式。犹太教吸收了对手的某些元素，基督教也是如此。人们点燃蜡烛或油灯向祭坛之火致敬。教堂将火仪式融入神圣的礼拜仪式中，将仲夏和仲冬火融入施洗者圣约翰节和圣诞节；将春天的火融入四旬节和复活节的仪式；将秋天的火融入万圣节；用圣诞节和逾越节蜡烛取代了异教的尤尔节和新火。传教士谴责焚烧祭品的行为，并把异教徒当作女巫来看待。734 年，圣博尼法斯的高级神职人员和贵族召开宗教会议将"需要之火"列入《迷信和异教仪式清单》并禁止与之有关的行为。这一禁令被大部分人所忽视，但教堂也按照自身的形象对这些仪式进行改造，牧师

---

① 琐罗亚斯德教：拜火教，始于古代波斯，由琐罗亚斯德创立，宣扬一神论，认为世界上存在光明与黑暗之间的永恒斗争。——译者注

们甚至对仪式进行监督，通过一系列象征性的转化过程，用燃烧着圣洁之火的木头重新点燃祭坛上的火。要彻底根除旧的仪式并不容易，直到工业化时代，露天焚烧行为才被彻底杜绝。怀尔德爵士夫人用生动的笔触描写了19世纪中期的爱尔兰，为传承千年的仪式谱下终曲。

古时，人们在仲夏夜举行盛大的仪式，点燃圣火。当晚，附近的所有人都紧盯着霍斯的西海角，从看到那里燃起第一道火光开始，圣火点燃的消息就伴随着叫喊声和欢呼声在村庄之间传开了。当各地的火都燃烧起来后，爱尔兰的每座山上都升起团团火焰。接着，每堆火的周围都响起了歌舞声。狂野的欢呼声使仲夏夜充满了狂欢的氛围。这些古老的习俗有许多延续至今。在施洗者圣约翰节当夜，爱尔兰的每一座小山上都燃起火堆。当火焰发出红光时，年轻小伙子们脱掉上衣，多次反复跃过或穿过火焰。谁敢挑战火势最盛的火焰，谁就会被认为是战胜邪恶力量的胜利者，将得到人们热烈的掌声。当火势消减、火焰低些时，年轻的姑娘们就会跳过火焰，能成功地来回跳过三次的姑娘会很快结婚，并在接下来的日子里行好运，儿孙满堂。接着，已婚女性穿过燃烧的余烬。当火快要燃尽并即将被众人踩灭的时候，满一岁的牛会被驱赶着穿过滚烫的灰烬，牛背上用一根点燃的榛树枝烧出标记。事后这些树枝会被妥善保存起来，因为人们认为它们拥有强大的力量，可以指引牛群找到水源。火渐渐熄灭，喧闹声也越来越弱，人们开始载歌载舞。

火仪式的世俗化：德比郡的约瑟夫·赖特，《罗马圣天使的焰火》，罗马，1779 年说书人开始讲述童话故事，或者回溯旧日的美好时光：那时爱尔兰的国王和王子们与普通老百姓生活在同一片区域，会用美酒佳肴招待所有客人。最后人群散去时，每个人都从火堆中取下一小段木头带回家。如果这块燃烧着的木头能够被安全地带回家，中途没有折断也没有掉在地上，就说明它承载着祝福。年轻人之间也互相比着，看谁最先拿着圣火进入家门，谁就会在未来一年里交好运。

怀尔德爵士夫人认为这个仪式源于更加古老的巴力之火。不可否认的是，在工业社会中，明火已经隐匿了身形，越来越多地被显示器或屏幕上的影像取代；火仪式更是被抽象化，成为虚拟或模拟的表现形式。火焰自由飘浮，就像脱离了燃烧物瞬间冲向空中的火舌，脱离了源头。学者们罗列着一个又一个符号，向火焰的深处探究，而不去关注支持火焰燃烧的燃料或是曾把火焰当做生态催化剂的做法。

一些火仪式延续至今，其中以西班牙巴伦西亚[①]的法雅节[②]最有名。它之所以能够幸存下来，是因为它已经成为了一

---

① 巴伦西亚：它位于西班牙东南部，东濒大海，背靠广阔平原，四季常青，气候宜人。它是西班牙第三大城市，第二大海港，号称欧洲的"阳光之城"，被誉为"地中海西岸的一颗明珠"。——译者注

② 法雅节：法雅节是西班牙的传统节日，在每年3月15日至3月19日举行，历时近一周，有烟花爆竹秀、游行、向圣母献花等活动，最后以午夜焚烧人偶引发高潮。这个节日又因以焚烧人偶的方式迎接春天而被称为火节，因此每年都有大批的游客前往参与。2016年底，法雅节被联合国教科文组织列入人类非物质文化遗产。——译者注

2000 年悉尼奥运会开幕式上，燃烧着奥运圣火的火环从澳大利亚原住民火炬手凯西·弗里曼的头顶升起

个旅游景点。在希腊和俄罗斯的伊万·库帕拉节[1]上，人们依然庆祝盛夏（或圣约翰之夜）大火仪式。近年来，可能是出于对部落身份的怀念（也许是由于欧洲民族解构的影响），芬兰重新开始举行盛夏大火仪式，苏格兰人也重启了五朔节[2]的火仪式。当然，这些仪式也都成了观光点，明火几乎已经从人们的视野中消失了，它们或是藏身在机器里，或是被法令禁止出

---

[1] 伊万·库帕拉节：伊万·库帕拉节是最古老的斯拉夫多神教节日之一，纪念夏至到来。节日在东正教俄历夏至这一天进行。——译者注

[2] 五朔节：五朔节是欧洲传统民间节日，用以祭祀树神、谷物神、庆祝农业收获及春天的来临。历史悠久，最早起源于古代东方，后传至欧洲。——译者注

现。人们出于对公共安全和空气质量的担忧，逐渐取缔庆祝性的火仪式。烧秋叶、烧春枝等季节性的仪式也随着火焰浪潮的退去而逐渐淡出人们的生活。

火人节故事的结局发人深省。火人节起源于加利福尼亚州的旧金山，节日上，人们会竖立并焚烧一个 12 米（40 英尺）高的木制雕像。火人节举办的前四年，人们一直在附近的贝克海滩点燃雕像。后来该活动被官方禁止并于 1990 年迁至内华达州的黑岩地区。在黑岩地区不易燃的盐滩环境下，大火可以尽情地燃烧。这个火仪式以"火的密会"为主题，吸引了一千多人参加，但现场混乱的秩序不禁让人们想起一句老话："放火容易灭火难，要想控制火先要控制人。""火人"曾两次被人故意提前点燃。

火人作为一个符号具有实质内涵。火人节的仪式反映了一种认知，即人类与火紧密联系，相互依赖。人类先要控制自己，然后才能控制火。

第四部分

当代之火

我们通常所说的火不是火。

泰奥弗拉斯托斯[①]（约公元前371—前287年），《火》。

[①] 泰奥弗拉斯托斯：出生在希腊莱斯沃斯岛的埃雷索斯，是亚里士多德的学生。他涉足甚广，从植物、风、天气等自然主题，到逻辑和形而上学，到修辞学和诗歌，再到政治和伦理；让他最为人所知的是他那本难以归类的小册子《品格论》，描述了奉承、迷信、粗俗、小气、无耻、胆小等30种不同的品格。——译者注

柯里尔与艾夫斯，《大西部的草原大火》，约1872年。从猎人的逃生之火到火车头的笼中之火：火地理学和动力学的重构，划分了燃烧与非燃烧的新阵营

☰ 9. 严重破坏

人类不断地把火带到新的环境中，人类拥有的火越来越多，需要的燃料也越来越多，但是，生物世界所能提供的燃料有限。如果人类加大采伐量，将更多的木材用作灶台和火炉的燃料，缩短休耕的周期，耗尽待开垦的土地，并且继续过度开

约翰·麦考根，《麋鹿浴》，2000 年。蒙大拿州比特鲁特国家森林中的原始火

采自然资源，致使自然界不能及时修复，那么整个自然环境就会退化。燃烧就成了对生物资源的露天开采。正如伟大的植物学家卡尔·林奈在 18 世纪时所说，现代人是在与子孙后代抢饭碗。如果人类可以通过控制燃烧获取力量，那么自然可以通过寻找其他的燃料储备来提升力量。

这种新的力量来源就是化石燃料。它看似是新资源，但实际上是一种古老的资源，只不过一直被长埋在地下直到现在才被挖掘出来。这种燃料有其特别之处，它不像杂草、木材或松针那样漫山遍野、到处都是，它必须在燃烧室内燃烧，并且燃烧所产生的能量——热、光、力量——只能间接地传递给人类。这就是化石燃料的总体燃烧模式。这些燃料本身来自过去，但其燃烧行为发生在现在，燃烧产生的废气又排放到未来。化石燃料带来的空气污染不亚于泥炭或木头燃烧，此外，化石燃烧的不利影响

工业火景。菲利普·詹姆斯·德·卢泰尔堡，《夜间的布鲁克代尔》，1801 年，布面油画

又从现在转移到未来。

地球上的火是如此普遍，对人类又是如此重要，以至于无论作为地球主宰的人类的燃烧方式如何变化，火都将会对生物圈、大气层甚至岩石圈产生方方面面的影响。越来越多的人认为，人类对火的运用已经超越了行为学家所说的生态位构建，成为了一种全球地质力量，所以人类理应拥有属于

自己的地质时代，即人类世。人类世的支持者们进一步证实了自第二次世界大战以来已经出现了第二个发展阶段，即"大加速"阶段。

人类世从总体上反映了工业化的特征。在火的历史上，"工业化"意味着从燃烧地表生物质到燃烧化石燃料的转变，这一切都与人类如何运用并留住大地上的火有关。"工业化"的这一定义与人们对工业革命的普遍理解相一致。长期以来，人们一直把"工业革命"和威廉·布莱克笔下"黑暗的撒旦磨坊"喷出的煤烟相提并论。事实上，人类世发生的所有环境失调现象——全球变暖、人口爆炸、现代地球污染、大规模物种灭绝——都与一个相对简单的"工业火指数"有关。更新世需要200多万年，中生代需要用2亿多年才能完成的事情，人类世只用了200年。人类世就是人类用火的时代。

燃烧方式的转变

工业革命的苗头从政治革命时期开始显现，并使地球上的火发生了根本性改变。化石燃料的燃烧几乎不受任何限制，无论是季节、地域或是生物条件，无论冬天还是夏天、白天还是夜晚、干旱还是洪水，无论是在沙漠、苔原、热带雨林、北方森林还是温带草原，人类的火焰都可以燃烧。数亿年来影响燃烧行为并制约燃烧效果的条件，已经无法影响发动机和熔炉中秘密进行的燃烧了。火已经摆脱了它的生态基础，人类的火力变得更加普遍、更加非同寻常、更加强大、更加肆无忌惮。

这都是因为新燃料不在露天的条件下燃烧，而是在特殊的密闭空间里燃烧。燃烧所产生的能量通过机器间接利用、通过电线传输，或者被用来制造位于传统地球生物化学循环之外的化学物质；燃烧为机械生产商和消费者构建的人工生态系统提供能量。我们必须要认识到，人类所获得并运用的这种力量不遵循自然秩序，不仅是生态系统必须适应的一种生物创新，而且它还取代了人类一直以来的实践过程。

工业燃烧不仅意味着一场新火的来临：它迫使人类与地球的共生关系发生改变，而这种共生关系一直受人为火的调节。它的影响波及人类所在的任何地方，并且远不止于此，它还影响到人类新的用火实践，无论是由火力发电机产生的、被输送到数百公里以外的电力，还是排放到大气中的温室气体。这是一种新型火生态，其影响已经超出了人类对火的传统认知。

这种转变在200年后的今天仍在发生着，但是相对于漫长的地质时代而言不过是短短一瞬，宛如水面荡起的波纹。工业化社会只用了短短的时间就改变了火环境。在人类一个又一个的栖息地上，新火取代了旧火。火焰和生物燃料的燃烧已经从家庭、工厂、城市，甚至是田野和森林中消失了，只流连于公园和森林等人为干扰较少的景观和自然保护区中，可是即使在这些地方，人类社会也争取完全消灭明火，无论是人为明火还是自然明火。这种变革可以被贴切地称为燃烧方式的转变，它发生在伴随着工业化而来的、众所周知的人口转型之后。无论是人口转型还是燃烧方式的转变，都将直接导致爆发式增长，只不过前者说的是人口，而后者说的是火。旧的传统依然存在的时候，新的做法已然出现。再过几十年，新旧交替就会完成。火的历史也是如此，燃烧方式的转变始于泛滥而混乱火的数量过多，并随着露天燃烧被消灭而结束，这时旧火的数量严重下降，已经无需用新火替代了。这样，处于工业化早期阶段的社会经历了一波破坏性的大火，而已经完成工业化的社会却体验了一把火荒，因为火的突然消失让生物无法适应。

工业火情

上文所说的燃烧方式转变有着双重内涵：一方面是用技术替代，而另一方面是彻底压制。前者是随着工业的成熟而出现的，并符合经济效率逻辑和法律要求。后者也取决于工业的成熟程度，因为消防需要用到以消防车、消防泵以及靠电力驱动的通信系统等工业消防设备。这种转变的结果就是在截然不同的火情下，景观斑块组合结构发生重大变化。

简单来说：新的燃烧模式取代了旧的燃烧模式。电灯取代了蜡烛，燃气灶取代了柴灶，燃油的拖拉机取代了以燕麦为食的牛。改造森林的明火也被链锯和木材切削机代替。人们不

石油钻井和野牛，燃烧的新领域：美国俄克拉荷马州的高草草原保护区

再利用火向土壤、空气和溪流中释放营养物质，工厂以化石燃料的燃烧动力将化石生物质分解以生产氮、磷等肥料，用卡车运输这些肥料，再用拖拉机来播撒肥料。农民们不再使用烟熏法对土地进行临时熏蒸，也不再故意纵火烧地，而是喷洒人工杀虫剂和除草剂，并用拖拉机牵引的除草机耙锄草和松土。人们用拖拉机拉着丙烷喷嘴"燃烧"蓝莓地，用无烟的乙烯气体刺激植物开花，因此自由燃烧的火消失了，而封闭式燃烧取代了它的位置。化石休耕代替了生物休耕。

当明火发生时，它的竞争对手内燃机会迅速把它扑灭。过去，控制明火最好的办法是改造燃烧环境，比如采用一些手段使燃烧不能发生，用不易燃的障碍物或耐火植物来建造内置式

2003 年的电影《壁炉》。虚拟火：电视播放一段火视频，电视机成了电子炉的象征

防火墙，或者让环境按照人类的安排燃烧。通过这种先发制人的燃烧策略，人类用可控的火取代野火。它的优势是仍然保留了大地上的火。但是随着社会工业化程度的提高，人们对火的忍耐程度越来越低，不愿意给火焰一丝出现的机会。所以人类利用内燃机和其他工业发明灭火，比如用水泵或消防飞机喷洒水或者化学物质，或用机动车把消防员运送到火灾现场，消防人员又使用电动工具灭火，也是意料之中的事情。故意纵火的频率大大降低了，燃烧的面积也逐渐缩小了。在人造景观中，明火几乎完全消失；在野生环境下，明火也已显现颓势。然而，

考虑到成本、消防员安全和生态完整性，这种趋势最终可能会逆转。

工业火景观遵循哪些原理呢？就像硅化木中的木质素被二氧化硅取代一样，露天燃烧也被内部燃烧取代，二者之间多有相似之处。工业燃烧中仍然保留了"火线"和"火场"：内燃机在路网（或飞行路线）上奔驰，并在人造景观的某一块区域内燃烧，比如工厂、电厂等。这些都是为工业生态系统输送营养物质的能量通道。这些能量通道连接着初级生产者和消费者。它们抽水灌溉，施肥并喷洒熏蒸剂，让人类以代理的身份掌管这个自上而下的生态系统。如果消灭了火源，那么整个系统就会崩溃。

在工业化开始之前，大多数景观都是农业景观。也就是说，这些景观是在人类耕作和放牧的过程中使用的人为火的作用下形成的。燃烧方式的转变已经使原有的环境发生了改变：农民不再需要通过休耕来种植饲料、提高土壤肥力或杀死杂草和害虫。他们可以驾驶燃烧汽油或柴油的拖拉机、收割机和翻土机，可以给田地施用大量氮肥，可以使用拖拉机、泵或者飞机等随意喷洒除草剂和杀虫剂。这些化学物质大部分都是通过化石燃料的工业燃烧过程而得到的。美国生态学家 H.T. 奥德姆曾经说过一句名言："我们现在种出来的马铃薯有一部分是由石油组成的。"此外，种植什么作物（以及何时种植）取决于交通状况，而交通运输又需要消耗更多的石油。农业生产已经整体上实现了从露天燃烧到内部燃烧的转变以及从生物休耕到化石休耕的过渡。

这些只不过是显而易见的直接影响。实际上，这种新的燃烧模式就像悬崖边的巨石，已经开始引发一连串连锁反应：生态系统服务功能发生萎缩；生物多样性也已经到了需要设立围栏和公园来保证的地步。这些变化还引发了一个小插曲，那就是役畜已经像火焰一样基本上只在仪式上出现。比如，百威啤酒公司的克莱兹代尔马①的作用就相当于庆典上的篝火。

在燃烧方式发生转变之后，火的斑块组合仍然存在，只不过多数已经隐匿了身形。现代建筑虽然是人类长期以来为了对抗火的威胁而发展出来的，但其本身很少经历火灾。现代景观也是运用人为火的结果，但人为火很少表现为火焰，它发生在内部或者人们看不到的地方，比如被用来炼化石油或者发电。当然，就像有机物分解并不都依赖于燃烧一样，现代能源也并非全部来自于火，也有少数例外的情况存在，但是几乎所有的现代交通方式都需要火。现代交通促进能源和货物流动，并消耗化石燃料。工业火生态也有其特定的规律和燃烧斑块组合，

---

① 克莱兹代尔马：克莱兹代尔马是一种重型挽马，起源于苏格兰克莱兹代尔地区的农场并以此命名。这是一种漂亮而富有动感的挽马，在广告和各类皇室庆典中频频现身，它们庞大而不笨重，轻盈却富有力量，整齐的毛色，飘逸的距毛，令人过目难忘。现在最有名的克莱兹代尔马，很大一部分是来自于百威集团所组建的"百威克莱兹代尔马"，百威啤酒厂在美国解除禁酒令后开始购入这种马，并逐渐成为了彼此的代表符号，提起一方让人很容易想起另一方。——译者注

机械火：美国百年庆典上的柯立斯蒸汽机，载于画册《百年庆典的历史，1876 年》（纽约，1877 年）。后来，当亨利·亚当斯在 1990 年的巴黎博览会上看到这本书的其中一个版本后，他写下了一篇感想，将现代社会中发电机的力量与中世纪圣火的力量进行了对比

只不过没有公之于众。

　　但自然保护区是一个例外。工业社会总是喜欢建立自然保护区。从某种意义上来说，这些保护区就是现代经济的休耕地，就像古时候的休耕地一样，保护区内的物种多样性非常丰富。并不是所有的自然保护区都容易发生自然火灾，但是自然火灾对它们来讲还是有益的。并不是所有的自然保护区都是自然景观，也有许多是文化景观，在这些景观中人为火就是重要的催化剂。无论如何，消灭火都可能会造成生态破坏，甚至引发灾

难。既然火一直以来都存在，那么它应该还要继续存在下去，这样才能维持保护区内的生态完整性。矛盾的是，处在工业化进程之中的社会在努力地消除明火的同时，又不得不在自然保护区中保留或恢复明火的地位。

这是显而易见的。尽管燃烧模式的转变对人类进入现代起到关键作用并在全球变化中起到了主要作用，但人们尚未对其进行过系统性的研究。社会如何应对这种转变，可能要取决于环境、历史和文化等因素。内陆地区与城市连通之后，森林得以转变为牧场，进一步促进了热带地区的燃烧，但同样的过程对干旱地区的燃烧却起到抑制作用，因为干旱地区可能会出现过度放牧，将优质燃料啃食殆尽。

拥有殖民地火灾管理历史的国家，可能会仍然保留着殖民时期的制度和理念，从而影响它们的火灾管理模式。这些国家通常会设立森林保护区，并设置林业局来管理保护区，也经常资助火灾研究，其他国家或地区则很少这么做。当然也存在文化差异因素的影响。例如，虽然加拿大和美国有很多相似之处，但它们管理野火的方式却有着明显的区别，根源在于它们的政治结构和国家理念不同。

这似乎与火生态学没有什么关联，但燃烧模式的转变催生出了一种全新的生态学。以前，人们必须与自然环境互动，二者相互制约、相互促进，人类的所作所为并不会对野火的存在产生影响。即使人类消失了，火也会很快地适应并能旺盛地燃

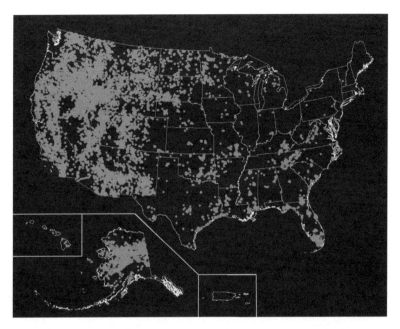

美国地质调查局发布的 1980 年到 2005 年期间的美国大火分布图，大火遍及美国的公有土地

烧，就像家养的羊一旦消失，野羊就会大量繁殖一样。现在，工业火不能脱离人类而存在。没有人类，工业燃烧就停止了。工业火就像人类发明出来的新物种，它是在实验室里设计并培育出来的，并不遵循自然规律。通过燃烧化石燃料，人类不仅驯化了自然火，而且已经开始根据基本原理培育新型火。由于工业火只能依赖于人类而存在，人类的世界观和社会制度都将极大地影响地球上火的实际存在形式。

启蒙运动和帝国

过去的 250 年里，另外两件事情的发生塑造了人类与火的关系：其一，欧洲出现了现代科学并被奉为圭臬；其二，欧洲扩张主义的复兴。这两件事情共同作用影响了人类对火的理解和应用以及人类对火的认知在全世界范围内的传播。

科学提供了一种破译自然奥秘的新方法，同时也是一种探索、实验和推理的新逻辑——数学，只有掌握数学才能更好地读懂自然之书，而不必再去研读晦涩难懂的古文。逻辑推理可以做到经院哲学和《圣经》做不到的事情：照亮黑暗、扫除愚昧和破除迷信。17 世纪末，一种探究自然的新方法走出书房，在启蒙运动的文化浪潮中传播开来，一个接一个的学科先破后立，就像在当今时代，公司在数字革命和互联网的冲击下进行拆分和重组一样。

启蒙运动对火的影响大致可分为两类：其一，科学逐渐与工程或者机械思维相结合，加快创新并改进新型发动机。蒸汽机等重要发明的出现与伽利略的万有引力学说和行星运行原理或者牛顿的《自然哲学的数学原理》（1687 年）无关。它们并不是在实验室中创造出来的，而是在前人发明的基础上改进而来的。众所周知，突破性的进展并非得益于自然哲学，二者之间唯一的共同之处就是都热衷于对推理的应用。萨迪·卡诺等人就这个主题创作了第一批重要的科学著作，表达了对蒸汽机的思考。他们像研究河流或彗星那样研究这些发明，以便在它们身上应用新的推理规律。最终，科学的快速发展与成熟加快了工程机械发展的步伐。科学就像固定在标枪上的梭镖投射器一样，贡献了新的知识。

其二，启蒙运动挑战了传统知识。任何没有通过科学方法得来的东西都未经检验，因此只能被当做一种不完备的认知。虽然并不完善，但仍有人认为科学探索优于其他任何研究形式，这种看法虽然没有遭到公开的蔑视但也饱受质疑。农学家误认为任何需要依靠燃烧的农业或放牧方式本质上都是"原始的"。启蒙运动中的一场农业革命要求推行火的替代品。

这样做的结果就是人类千万年来关于火及其应用的实践智慧被否定。这种新的思维方式就像酸性物质一样腐蚀了人们之前对火的理解。受过良好教育的精英人士和实践者之间出现分化，前者怀疑火，后者运用火。新知识在人造环境和机械工程领域中展现出强大的生命力，但却不适用于野外和森林。

欧洲是地球上最不容易发生火灾的地方，启蒙运动和其特有的恐火症似乎影响不到气候温和的欧洲，但事实并非如此。人类世恰逢欧洲开始新一轮扩张，这一时期被普遍认为是经典的帝国主义时代。帝国以贸易或殖民为目的（或是为了科学），传播工业火、火灾科学和火管理机制。

管理火的任务落到了林务员身上，或者更确切地说，被林务员承担了。尽管大多数火灾都发生在农业领域，林业部门却

快速殖民意味着，即使是像美国东北部这样缺乏自然火灾基础的地区也会发生烈火。控火是管理定居点并减少森林资源浪费的一种手段。阿尔伯特·比尔施塔特，《新罕布什尔的怀特山》，约 1865 年，纸面油画

宣称自己是火的管理者和守护者，其价值标准拥有至高无上的地位，建立在森林培育知识之上的林业已经获得了科学上的权威地位。

林业组织发展成行业协会后，林业获得了超越国界的集体身份、内部凝聚力并成为了一种知识学科。通过控制森林保护区，也就是国家资助的保护区内最核心的区域，林务员获得了政治权力。伴随着政治权力而来的，是在火灾研究和消防实践方面的主导地位。

这些都集中体现在一个特大的全球项目上：英国、法国和荷兰的殖民地以及美洲、澳大利亚、加拿大和更复杂的南非等殖民定居社会中广泛建立的公共森林和公园。世界各地的林务员都对火充满了恐惧和憎恨的情绪，并决心尽可能地消灭火。俗话说，找到一个林务员，就能找到一个消防员。事实上，包括伯恩哈德·费尔诺在内的许多权威林业人士，都认为消防并非从属于林业，而是林业的先决条件。只有保护大地免于火海的侵蚀，林业才能兑现它的承诺。

美国林业部部长费尔诺是一位传奇人物，他见证了林学随着帝国扩张而发展的过程。他曾在普鲁士接受过林务员的培训，后来与美国人结婚并移居美国，成为了美国第一位职业林务员。从1886年到1898年期间，他管理着隶属于农业部的一个小型政府机构——林业局，为政府自1891年起建立的森林保护区提供管理建议。之后，他在康奈尔大学建立了美国历史上的第一所林业学院，后来因为争议，该学院被迫关闭。不过，他毫不气馁，他又北上来到了多伦多大学并创建了一个国立林业学院，参与保护项目并指导新斯科舍省①和加拿大落基山脉等地区的执业林务员。他在世界各地传授他对火的观点看法，而这些观点都是他在普鲁士管理人工松树的过程中总结出来的，这也让他独特的培训课程始终热度不减。他对美国的火灾持既愤怒又蔑视的态度，认为除非火得到控制，否则一切都无济于事。

　　这是他那一代林务员特有的态度。尽管他们会根据具体情况采取有针对性的策略，但是他们普遍对传统的用火方法持反对态度，并尽一切可能消灭火。最有意义的尝试发生在 19 世纪后期的英属印度，最终因规模太大、人手不足且构想存在根本缺陷，而以失败告终。这次尝试发生在一个推崇工程手段的时代，这个时代的人们试图通过筑坝和取直河流来管理流域，并试图通过消灭捕食者来提高猎物的数量。当时，几乎没有人认识到火可能起到有益的生态作用，也就是说，火的消失可能会对整个生物群体造成干扰。火灾防护是一种先进的社会观念。英国作家鲁德亚

---

① 新斯科舍省：新斯科舍拉丁语意为"新苏格兰"。位于加拿大东南部，由新斯科舍半岛和布雷顿角岛组成。经济以渔业、采矿（煤、石膏）和木材加工为主，还有造船、修船、纸浆、造纸、轮胎、渔产加工等。——译者注

1890 年，约塞米蒂国家公园马里波萨林地中的巨型红杉树

1960 年的马里波萨巨杉林，由于火的消失而过度生长，所有树木都面临着严重的火灾威胁

德·吉卜林[1]写了一个故事，讲述了印度狼孩毛克利[2]长大后的人生。在作者的笔下，毛克利成为了印度林业部门的林务员，他

---

[1] 鲁德亚德·吉卜林：英国小说家、诗人，出生于印度孟买。——译者注
[2] 毛克利：英国作家鲁德亚德·吉卜林所著《丛林奇谈》一书的主角。书中他是一位被人遗弃后由狼抚养长大的印度男孩，由于从小在和动物们的接触中长大，他懂得不少动物的语言，并懂得丛林的法则。由于受到森林中的恶棍老虎谢利·可汗的威胁，他不得已逃往人类社会，在学习了人类的智慧后，成功干掉了来捣乱的谢利·可汗；但他也受到了人们的误解，最终再次返回丛林。——译者注

红杉林中重现火的身影

的主要任务就是预防森林火灾。

几十年的光阴匆匆而逝，火的消失所造成的恶果愈发显现：荒地的生态健康受到影响；凶猛的野火取代了温驯的火，火灾的爆发也越来越猛烈。

到了 20 世纪 60 年代，美国公共土地的监管机构试图通过修改政策和采取措施恢复森林中的火。而就在这个时期，伴随着去殖民地化浪潮，由国家财政出资支持的林业机构开始在全球范围内分崩瓦解，国家公园和野生动物保护区等机构在挑战林业部门对公共土地的控制权，生态学和野生生物学等学科也开始撼动林学的学科地位。人们的文化价值观发生了转变，更加注重生态产品和服务，而非此前由林业推动的原油商品生产。人们认为自然火应该回归自然以维持生态系统的可持续性，这种想法已经成为普遍共识。保护区和公园的管理人员大多认为问题的关键在于对火的压制，而不是火的存在。他们提出，自然而然发生的火都是无辜的，除非能证明它们有罪。林业已经失去了管理商业林地的权利，并且不情愿地让出了主导地位。

界限：燃烧——熄灭——复燃

燃烧模式的转变是火的现代历史的分水岭。作为地球上的基本元素，火就像一条具有重要历史意义的分界线，把世界分成了两个截然不同的领域，一边是白天，另一边是黑夜，二者之间是一条模糊的可移动界线。

这条界线之前，火明亮燃烧。环顾四周，人们总能看到火焰：火出现在灶台里、炉子里和蜡烛上，火还随季节变化出现在田野、牧场和树林里。人们围着篝火庆祝；人们在祭坛上和圣像下用火供奉神明；人类的战场燃烧起来就像城市一样，城市燃烧起来又像森林一样，而森林里又充满了野火。人们把火想象成神明显灵或把它当做自然哲学的基本原理。

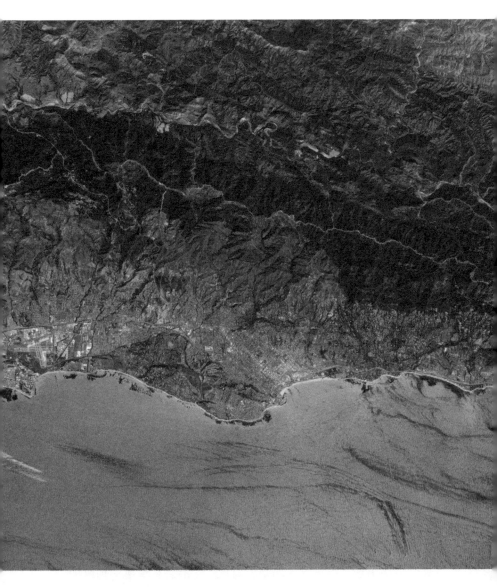

卫星拍摄的图片：发生火灾后的公共土地与城市交汇处。洛斯帕德里斯国家森林公园和加利福尼亚州的圣巴巴拉市，吉西斯塔大火，2009 年 5 月 13 日

这条界线之后，火逐渐消失。火不再是一项通用技术，也不再是人类居所中的友好存在。在某种程度上来讲，火是因受到了人类的彻底镇压而消失的：明火遭到谴责，受到的限制越来越多，人类扑灭了一切多余的火。现代社会多以技术替代来扼杀火焰的存在。内燃机、电灯、煤气炉和各种发电机都可以取代明火的作用，但与明火不同，它们的副产物基本上是隐形的或者被转移到了未来。被火点亮的世界暗下去，取而代之的是人工照明和虚拟火焰。只有在特殊场合下，比如在自然历史博物馆里，火才能持久燃烧并得到精心照看，正如人们可以调节密闭房间里的温度和湿度来保存出土的羊皮卷。

随着燃烧模式的转变，两种不同形式的火相互交织在一起，仁慈与狂野的力量交织在一起，火狂野、放肆、残暴、镜头感十足、最有破坏力并且最骇人听闻。

在有些社会里，自然火和工业火并存，开荒地和撂荒地同在。这样的工业社会，一边蚕食着乡村土地，一边建立荒野保留地。它们共同创造了一种幻觉，即自由燃烧的火已经挣脱了束缚，威胁着每个地方。然而真实的情况是，地球上的火已经衰退并被内燃机取代。当世界发生燃烧的时候，明暗的界线也在移动，黑暗吞噬火焰；但由于发达国家缺乏足够的认识，大火会再次出现。当它再次回归的时候，一定会呈现出更加鲜明、更具有威胁性的形象。

🔥 10. 特大火灾

工业燃烧与明火似乎没有相似之处：它隐藏在机器里，它的燃料储存在油箱和油瓶中并在泵的作用下通过软管输送，它消耗的氧气也经过提炼然后被输送到燃烧室。工业燃烧被限制在特定的地点，燃烧烟气中的废气也通过管道和烟囱排出，这就是内燃机中的火。火焰起到融合和整合的作用，工业燃烧则起到提炼和重组的作用。工业燃烧的结果与火几乎没有明显的联系，而且通常情况下它都是隐形的。

虽然工业燃烧的过程与火没有相似之处，工业燃烧的结果却恰恰相反：通过将化石燃料转化为火力，工业燃烧改变了自由燃烧的火所塑造的环境；工业燃烧排放的气体导致气候异常，促使全球变暖；发动机带来了交通变革，引发市场变革，进而使土地的用途发生改变。工业燃烧能让人类到达以前无法到达的地方，比如热带雨林，开垦那里的土地并转变它的用途。这使得人类不再珍惜长期耕作的农田等土地，这些土地被人类遗弃后，被火收归囊中。部分土地成为特别保护区，保护区建立之后，火情也会相应地发生改变。发动机为消防提供了强大的机械助力，一旦发动机无法运作，消防系统就会崩溃。

国家进入燃烧方式转型期后，通常会经历一些无序且泛滥的火灾。不过，一旦转型结束，火焰就会立即平静下来，从定

火从地表蔓延到树冠，树木像火炬一样燃烧起来。这种强度的大火的燃烧面积如果达到数千公顷，就可被称作特大火灾

居者社会的视线中消失。火与农奴制或天花一样，都代表着蒙昧无知的过去。如果某些土地本身易燃，或者气候变化、杂草的入侵、人类的迁徙导致它们易燃，火就会回归这些新产生的脆弱地带。就像自由燃烧的火一样，这一过程在全球范围内的分布并不均匀。地球上曾被关进机械燃烧室中或者彻底灭绝的明火，现在似乎要被重新点燃了。火就像古代瘟疫一样，人们本以为它已经彻底灭绝，却没想到它又回来了。地球进入了特大火灾时代。

"特大火灾"一词最初被用来描述 21 世纪初美国一小撮儿猖獗的森林野火，但这个表达比较灵活，可以轻松地涵盖地球上一系列大规模火灾。如果说明火转变为机械火是大势所趋，那么特大火灾就是逆势而为。下文将介绍一系列特大火灾事件，它们都非常具有代表性。

土地开垦

处于工业化时代的人类借助古老的做法把"荒野"或自耕地转变为现代农业环境，这一过程主要发生在热带地区，在亚马孙地区和加里曼丹岛尤甚。二战后，苏联制订"处女地"开发计划，澳大利亚开发其北部热带地区，加拿大对北方内陆地区（尤其是西北地区）进行经济殖民以及美国在阿拉斯加州设立工业定居点等，都是土地开垦的典型例子。值得注意的是，这些地区都是大国中的欠发达地区，而这些大国又都处于现代化进程之中。在此之前，人类已有在北美和大洋洲广泛殖民定居的历史。再往前回溯，欧洲、中国、印度以及其他古老文明在中世纪或者更早以前就存在殖民定居活动。在随后的移民浪潮中，这些古老的文明要么无人问津，要么人口过多、不堪重负。

现代社会中的土地开垦有一些显著特征：依赖于工业化、具有突发性、涉及土地的大规模开发。如果没有化石燃料为交通提供动力，使贸易出口成为可能，很难想象在短期内能够实现人口的大规模流动，也很难想象将雨林大规模地转化为适销对路的商品。研究进一步表明，在被葡萄牙人征服之前，亚马孙地区已经存在大量的人口，这些人已经把部分雨林转化为更加复杂先进的农业环境，而随后出现的以拓荒者和狩猎采集者为特征的农业模式，不过是往昔繁荣社会的残影而已。然而，疾病和奴隶制度使人口数量大幅下降。这一过程又在现代社会重演。

这些转变的背后存在多重因素：一方面是经济因素，一旦森林被砍伐殆尽，肉类、大豆或棕榈油的市场可以支撑当地经济；另一个方面是社会因素，国家希望人口从人口过剩地区向人烟稀少的地区迁移。

"让没有土地的人到荒无人烟的地方去。"有些国家提供资金实施移民计划，比如，巴西试图将没有拥有土地的人口从东北部迁移到内陆地区，印度尼西亚试图将人口从物产丰饶的爪哇岛 ① 迁移到人迹罕至的加里曼丹岛 ②。上述国家计划都是出于地缘政治考量：担心偏远地区不受国家管控或者与整个国家体系的联系不够紧密，容易遭受攻击、发生叛乱或者分裂。然而，如果没有以内燃机为基础的经济和技术，这种迁移不太可能发生，至少肯定不会如此大规模和迅速地发生。

与此同时，20 世纪 60 年代，巴西军政府决定开发亚马孙河

① 爪哇岛：印度尼西亚的岛屿，位于马来西亚和苏门答腊东南、巴厘岛西面。爪哇岛拥有全国人口的一半以上。——译者注
② 加里曼丹岛：也译作婆罗洲，是世界第三大岛。——译者注

流域。先简单修路，然后开荒，再把砍伐得到的东西全部烧掉。每年还要放一次火，让土地焕发新的生机，其中大多是生产力低下的牧场。盆地被烟雾笼罩，人类又向地球的大气层中排放了大量的温室气体。人们开始警醒，日益担忧生物多样性、气候变化和原住民问题。燃烧的亚马孙河流域预示着环境灾难即将来临。印度尼西亚的独裁政权选择以同样的方式开发其外围岛屿，尤其是加里曼丹岛。与上文中提到的情况类似：通过修路开垦土地，然后新开辟的土地就成了链锯和推土机的天堂；有些土地被改造成重新安置农民的农场，大部分则被改造成棕榈树种植园以生产棕榈油。巴西拥有茂密的森林，树叶中储存了大量的碳，但加里曼丹岛有厚厚的泥炭地，泥炭地里炭的存量更高。大片泥炭地中的泥炭资源被开采又被点燃，季节性地浸没在烟雾之中。正因为如此，21世纪伊始，印度尼西亚已成为地球上第四大温室气体排放国。

前文中的土地开垦都引发了火灾问题，但却没有相应的解决办法，因为火和烟雾都是大规模社会运动的副产物，它们是果而不是因。它们并不是媒体争相报道的冲天大火，而是一种更加隐秘的大规模、有计划的燃烧。它们的激烈程度是以它们对生态的破坏程度来衡量的，而不是以其火焰持续的时间长短来衡量的。

不过人们可以采取一些改善措施，但很难在和法国一般大小的区域内完全消灭火。这些地区的火不是从一个源头向外蔓延的，比如通过劣质水龙头传播的霍乱疫情，而更像是在合适的条件下大面积疯长的杂草。想要单独通过解决火灾问题来进行补救，是因为没有正确认识问题，这有可能导致人们将注意力放错地方或者朝着错误的方向努力。例如，它可能导致政治作秀：一边是消防飞机和消防员奋力扑灭火灾，一边是大火因为符合政治、经济精英的利益而频繁地重新燃起。好比割掉杂草的叶子，新叶还会从它的根部长出。

离开故土

土地开垦引起的特大火灾发生在拥有广阔腹地，并处于快速工业化时期的国家和地区；与其相对应的是拥有长期定居环境，并处于工业化后期的国家和地区，比如地中海北部沿海地区。其中西侧的葡萄牙和加利西亚都被火烧得伤痕累累。

这些乡村地区在罗马时代之前就已经基本形成。它们的地理环境很适合火灾的发生：地中海地区长满了坚韧的植物。这些土地被人类焚烧了几千年，但人们对火的认识受限于密植栽培和田园经济。人们在种植、锄地、修整作物和放牧等农业活动中会用到火，这些火都是人造景观中的人为火。当瘟疫、战争、干旱或其他社会动荡发生时，人为火偶尔会失去控制，但是当社会秩序恢复后，人类对火的控制也会恢复。

过去几十年里火灾爆发的情况有所不同，特别是在希腊、西班牙和葡萄牙，这些国家都摆脱了独裁统治，加入了欧盟和全球市场，并开始了快速的工业化进程。

上述土地开垦过程中最鲜明的特点为人们自发地从农村迁移到城市，从小型农场和牧场涌入雅典、塞萨洛尼基①、里斯本、波尔图②、巴塞罗那和马德里，农村只剩下老人和小孩。在伊比利亚③，人们把生产力低下的牧场改造成人工林，所以人口下降的进程开始得较早。现在这些牧场直接被人们遗弃，任由灌木丛随意生长。传统灭火手段不足以控制火势，大片土地被烧毁。

这是一种容易发生爆发式燃烧的新型火灾。官员们需要出于公共安全的考虑或者是出于政治作秀需要，采取应对措施，让国家拥有完备的消防能力：使用消防飞机和直升机；组建能够快速响应的消防队伍；集中主要火力对抗火焰，并像其他国家一样承受由此而造成的伤亡。与此同时，还存在另外一种趋势，就是把消防机构转变成应对各种突发危险的应急机构。这一做法在希腊贯彻得最彻底，希腊将农业消防机构从林业部门转到城市消防部门。如果环境动荡不安，灾难就会发生，火是周围环境综合作用的结果。了解火灾发生的环境，就能了解火的特性；控制这个环境，就能控制火。如果社会失去了对农村

---

① 塞萨洛尼基：希腊古城，亚历山大帝国时期建立的城市。——译者注

② 波尔图：是葡萄牙北部一个面向大西洋的港口城市，是葡萄牙第二大城市。——译者注

③ 伊比利亚：位于欧洲西南角，东部及东南部临地中海，西边是大西洋，北临比斯开湾，是欧洲第二大半岛，南欧三大半岛之一。——译者注

照在古老光源上的一束红光：野火映衬下的帕特农神庙，2009 年 8 月 23 日
（帕特农神庙：供奉雅典娜女神最大的神殿，位于希腊雅典卫城中心的石灰岩
山岗上。——译者注）

地区的控制，也就意味着失去了对火的控制。毁灭性的火焰需要被扑灭，但巴西或加里曼丹岛的情况已经说明，除非能够掌控环境，否则消防机构只能暂时阻止火势蔓延。

消防管理与土地利用的关系错综复杂，就像葡萄藤缠绕在葡萄架上一样。地中海地区的火情与热带地区的火情恰好相反：一个向前推进，积极地将对火免疫的森林转变成易燃的木材；而另一个则向后撤退，受益于火灾的生物如复仇般紧随其后。无论是哪种情况，仅靠消防都不足以应对。

失去控制

在有些地方，消防机构的解体确实是大规模火灾死灰复燃的原因，最典型的例子要数苏联解体。荒野消防费用高昂，尤其是需要依赖空中力量的时候。一个崩溃的国家因为消防的成本太高，而且也不具备在火灾刚发生时就将其扑灭的能力，小火也可能会发展成特大火灾。

苏联于1991年解体，留下了大量的地面和空中消防设施。苏联有大约8500名空降消防员，他们都接受过直升机绳索垂降等综合训练，其中绝大多数人驻扎在乌拉尔山脉[①]以东。1972年，莫斯科和俄罗斯欧洲地区发生了大面积火灾，消防设

---

① 乌拉尔山脉：俄罗斯境内一座大致南北走向的山脉，位于俄罗斯的中西部，为欧洲与亚洲分界山脉。——译者注

施因此得到了大规模升级。俄罗斯联邦继承了苏联的大部分消防设施和消防人员。1992年莫斯科周边又发生了一次严重火灾，消防力量没有立即下降，但消防能力逐渐减弱。同时，受正式保护的土地面积减少，所以消防水平的整体下降被掩盖了。

北方地区每隔十年（或二十年）就会发生周期性燃烧，人们在这些地方耕作或伐木，会在春季和秋季放火。新火情始于 20 世纪 80 年代末苏联政治、社会和经济改革时期。1987 年 5 月贝加尔湖①地区大约有 1200 万至 1400 万公顷土地被烧毁，当地消防系统不堪重负。尽管火灾威胁依然存在，而且可能在全球变暖的影响下有所加剧，但应对火灾的能力却在持续减弱。2007 年起实施的一项新的森林法案要求获得伐木特许权的公司代替国家承担消防责任，使得情况急转直下。如果公司削减其在消防方面的投资，消防能力将进一步下降。尤其是在北方地区，消防就像是一场精心筹划的冒险，因为它需要投入大量的固定成本，但大火的发生具有偶然性。比如在亚欧大陆北部，有些地方经常发生火灾，但多年来大部分地区总是能够避开火灾。

2010 年的情况却有所不同，一波大火在西伯利亚蔓延。最严重的一次火灾发生在伏尔加地区，就像腐肉吸引食腐动物一样，当地的长期干旱引发了火灾。消防系统无力应对，除了

---

① 贝加尔湖：位于俄罗斯西伯利亚南部，是世界上容量最大、最深的淡水湖。——译者注

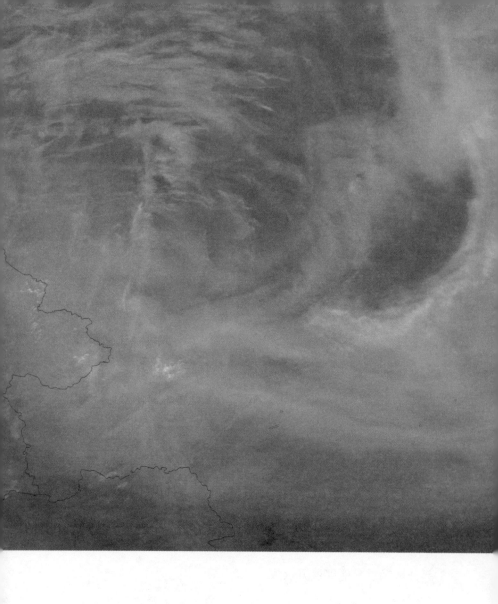

在乡村地区偶尔遭到些零星抵抗外，大火的蔓延几乎不受任何限制。但当年的火季之所以臭名昭著，不是因为它对乡村地区以及针叶林地带造成的破坏，而是因为它让莫斯科处于浓烟的笼罩之下。莫斯科人和游客戴着外科口罩穿过红场，天空被霾

从太空可以看到被烟雾笼罩的莫斯科，2010 年 8 月 7 日

一样的烟尘和烟雾染红，这样的场景成为全球媒体争相捕捉的画面。实际上，这些烟雾的来源并不是肆虐的大火而是附近的泥炭地。小火、浓烟和大张旗鼓的报道，就是当时的情景。

该地区经受了前所未有的高温，周围环境中的一切似乎都做好了燃烧的准备。泥炭地中的燃料曾被部分开采，这一历史遗留问题增加了可燃物的广度和深度。该地区的消防能力或许可以应对天气、土地利用历史和控火能力丧失这三种情形中的一种甚至两种，但绝不能同时应对三种情形。消灭烟雾的唯一方法是用水淹没正在缓慢燃烧的泥炭地，并且设置相应的机构，建立能够应对环境挑战的消防能力。

笼罩在浓烟中的莫斯科至少让人们关注到了俄罗斯的灾难，蒙古的灾难更加严重，但是媒体根本不感兴趣。在独立之前，蒙古的空降消防员比美国还多，但一切都在一夜之间化为乌有。

（蒙古）所有的国家机构似乎都垮掉了，经济的崩溃让许多定居在城市的人回到草原。有些人只在春季回到草原上猎取马鹿的鹿角（供给中国市场），但是春天最适合火灾的发生。春风吹拂，冰雪消融，草地和落叶松林下的植被还没有变绿，许多人分散居住并且生火做饭取暖，其中有一小部分火脱离束缚。有些人放火烧掉遮挡视线的干草，方便寻找鹿角。与此同时，似乎是为了呼应不断恶化的社会局势，干旱反复发生。1996年和1997年，分别有1070万公顷和1200万至1400万公顷的土地被烧毁，较以往的平均水平而言，大约增加了17倍。火灾成片成片地出现在大地上。

蒙古地处亚欧大陆中部，位于北部针叶林和南部戈壁沙漠之间，属于大陆性气候，干旱多发。整个国家被人为划分为城市和乡村，社会秩序因突如其来的经济和政治变化而遭受重创——当原本就不稳定的平衡遭到破坏的时候，蒙古总是会首当其冲。这个国家本身就像是一座蒙古包，它通过国家对社会的严格控制和国家资助的消防措施来控制火势。当这座用草做成的蒙古包有一部分被吹倒时，其他部分也会随之倒塌。

因此，尽管蒙古火灾频发，却不能通过消防手段来解决。消防措施既不能阻止干旱，也不能把大草原替换成不可燃物，不能改变蒙古的社会和经济条件，甚至不能用内燃机驱逐明火。除非蒙古能够进行改革，建立适合本国国情的消防系统，否则消防管理可能会像它的国民一样随季节迁移。

放松管控

美国和澳大利亚等国已经完成了工业化，而且似乎已经形成了持续的防火机制，但让人吃惊的是，大火仍然回到了这些国家。每一百起火灾中只有两到三起未能在初发时被扑灭，其中又只有两到三起演变成了特大火灾，但就是这一小部分（仅占 0.1%）特大火灾却造成了 95% 以上的燃烧和 85% 以上的损失。这些火灾最先获得了"特大火灾"的称号，它们似乎预示着一种令人恐惧的可能性：曾经消失的致命大火，会像发生了基因突变的脊髓灰质炎病毒一样卷土重来。"特大火灾"这个称呼本身就吸引了媒体关注，关注全球变暖的各界人士更是把特大火灾产生的浓烟作为气候威胁的有力证据。

现实情况再一次变得复杂，但还没到无法理解或无法补救的地步。大火不是由单一因素引起的，而是几种因素以特定方式综合作用的结果。特大野火发生的背后既有社会因素，也有环境因素。美国发生的野火还围绕着一个巨大的悖论：公共机构设立了目标，要求增加其管辖范围内的燃烧面积。

过去几十年里，燃烧面积的急剧下降给未来留下了隐患。被消灭的火再也无法发挥环境所需的生态功能，生态赤字不断加大，堪比财政赤字。到了 20 世纪 70 年代，美国公共土地的监管机构下定决心修复大火的活力。过去气候条件较为温和，消防迅速机械化，在频繁发生地表火灾的地区，火灾很容易消除，付出很少的努力就能产生巨大的回报。在现在的气候条件下，干旱越来越容易发生，燃烧的时节越来越长。环境中随处可见可燃物：地面上铺着一层落叶和灌木，参差错落的林冠已经闭合，原本有助于延缓和阻挡火势的因素，也变得有助于大火扩散。随着草原演变成森林，幼树的生长使针叶林从上到下布满了松针，可燃物越来越多、越来越密。同时，消防机构收益递减，消防人员的伤亡成本等消防成本上升，扑灭火灾难上加难。人类过去的所作所为再加上未来的气候条件，使许多环境都有爆发大规模燃烧的可能。

环境只不过是新型"火三角"关系的一方面因素，人们也重新对土地利用方式和消防计划进行了调整，这更增大了特大火灾发生的可能性。大量的公共土地变成了荒野或公园，

更适合自由燃烧的发生，与此同时，公共土地外围的农村地
区早已成了郊区定居点。消防机构逐渐达成共识并做出让步：
自然环境不需要传统的消防措施，郊区的人造环境本身对火
灾就没有抵御能力，也没有理由将消防员置身于危险之中。
应对棘手的火灾最好的方法就是以火攻火，一起复杂的火灾
要比多起火灾更好对付。

　　简而言之，消防机构试图通过改革来包容或促进火灾的发
生，气候、土地利用、消防措施都朝着同一个方向推进。燃烧
的土地越来越多，大火的规模进一步扩大，"特大火灾"和"路
怒症"一起成为了当今时代的标志。

消失的火

　　虽然扑灭林业火灾代价高昂，有时甚至会造成人员伤亡，
但发达国家的消防机构更加在意的不是特大火灾的发生与否，
而是火灾越来越少。燃烧方式发生转变之后，火灾的数量就像
人口数量一样急剧下降。在大多数消防官员看来，人类需要的
火灾数量不足以发挥预期的生态作用。迫在眉睫的危机不仅表
现为林业火灾演变成特大火灾，也表现为温和火灾突然消失不
见。消防机构一边关注燃烧面积的增加，一边却又希望看到更
多的火灾，这样的矛盾不禁会引发局外人的思索。简单来说，
就是不想要的火太多，想要的火太少。

后记

二元火世界

现如今，地球上的三种火：自然火、人为火和工业火，正在分化成两大燃烧阵营。在全球和区域尺度上，这一分化统一表现为燃烧方式的转变，二者之间界限分明。

全球范围内，这样的分化特征十分明显。例如，欧洲和非洲就出现了这种分化。欧洲和

美国国防气象卫星计划中，由 MODIS 拍摄并由美国国家海洋和大气管理局的地球物理数据中心处理的欧洲和非洲夜晚灯光图

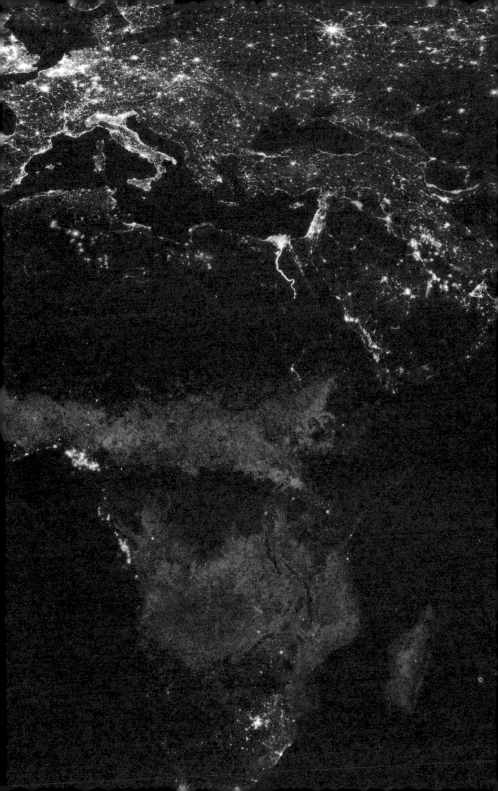

非洲在环境、文化
和历史方面有着巨
大的差异：撒哈拉
以南的非洲地区支
持自由燃烧，而处
于温带的欧洲地区
的情况大不相同。
然而，在欧洲地中
海的一些地区，燃
烧方式的转变还没
有完成，经常可以
看到野火的踪迹。
非洲也有一些地
方，尤其是南非，
工业燃烧的发展
已经导致露天燃烧
迅速消失。这一情
况也强调了人类在
两大燃烧阵营分化
过程中所发挥的作
用：人类不仅维系
着工业燃烧，也决

人类进入了一个新的火世界。弗雷德里克·埃德温·丘奇，《死亡阴影谷边界上的基督徒》，1847 年，布面油画

定了工业燃烧如何与其他形式的火相互作用。

有些非洲国家拥有大量的化石燃料资源，但不具备将其运用到日常生活和环境中的能力。海上钻机开采的天然气燃烧起来和超新星一样明亮，此时内陆地区的地表火还在泛滥，一些北欧国家正努力重新利用火来实现自然保护区内的生态效益。

闪电可以在任何地方点燃任何可燃物，工业燃烧也可以随时随地按照人类的需求而发生，但是，处在中间地带的人为火却正在消失。发达国家燃烧大量的化石燃料，自然保护区内，野火多发。虽然一些地区仍然保留着故意纵火的传统，但已经很罕见了，并且只是为了延续文化传统。

地球仍然是一颗充满火的星球。火如何出现？它扮演什么样的生态角色？发挥什么样的技术作用？这一切都取决于人类作为用火生物和用火垄断者如何看待自身，如何理解自己在世间万物中的地位以及如何解决很久以前达成的浮士德式交易。人类因为这个交易获得了力量，也因此必须对火的应用和消失负责。当人类试图将野火、被驯服的火和工业火这三者划分成两个阵营的时候，火炬掌握在人类的手中，并服从于人类的想法和意愿。

致谢

这本篇幅不长的书是对我毕生研究成果以及与多位同事合作成果的总结。我在此感谢为我提供帮助和插图的人。首先要感谢的是约翰·G.戈尔达莫,他一如既往地可靠、博学和幽默,他给了我莫大的支持。我还需要感谢马蒂·亚历山大、布赖恩·斯托克和雷·洛维特。在出版方面,我要感谢出版社的图书发行人迈克尔·利曼、图片处理员苏珊娜·贾耶斯和编辑罗伯特·威廉姆斯,感谢他们给予我温和的鼓励和慷慨的建议。

作者和图书发行人希望说明图片的来源,感谢以下机构和个人允许我们复制并使用这些图片:

AKG图片社、M.E.亚历山大、阿蒙·卡特博物馆、巴拉瑞特美术馆、阿什莫尔博物馆、阿黛浓美术馆、伯克郡博物馆、布鲁克林博物馆、美国内政部土地管理局、欧洲工业联合会、加拿大森林局、DACS 2012、三角洲娱乐公司、澳大利亚维多利亚省永续发展与环境部、德比博物馆和美术馆、美国宇航局地球观测站、俄罗斯叶卡捷琳堡火灾博物馆、盖蒂图片社、J.G. 戈登莫、国立艾尔米塔什博物馆、哈利·胡珀、华盛顿特区国会图书馆、雷·洛维特、大都会艺术博物馆、米尔德里德·莱恩·肯珀艺术博物馆、米切尔图书馆、密歇根州自然资源部、安德烈·马尔罗美术馆、美国国家宇航局、芬兰国家博物馆、史密森尼学会、维多利亚国家美术馆、澳大利亚国家图书馆、美国国家公园管理局、美国国家海洋和大气管理局、纽约州公园娱乐和历史保护办公室、斯蒂芬·J.派恩、英国报业协会图片社、昆士兰美术馆、雷克斯图像公司、英国皇家地理学会、皇家安大略博物馆、C.M. 罗素博物馆、萨斯喀彻温省自然资源部、伦敦科学博物馆、安德鲁·斯科特、维多利亚州立图书馆、斯科特·斯沃森、托马斯·吉尔克雷斯研究所、蒂明斯博物馆、美国鱼类及野生动物管理局、美国国家森林局、美国地质调查局、维尔纳·福尔曼档案馆、伍斯特艺术博物馆。